JOERG LEHMANN
KATJA VOLKMER

Der Käfer

AUTO-BIOGRAFIEN

JOERG LEHMANN
KATJA VOLKMER

Der Käfer

AUTO-BIOGRAFIEN

Für Joergs Mutter Marlies

teNeues

VOL

SWURST

INHALT

LIEBE & FAMILIE

AUTO-BIOGRAFIEN

REISE

WUNDERKUGEL DER HERZEN

VORWORT

Der VW Käfer begleitete unzählige Menschen ein Stück ihres Weges, manche sogar durchs ganze Leben. Er wurde geliebt wie ein Familienmitglied – und das nicht nur in Deutschland, wo seine Wiege stand, sondern überall auf der Welt. Der reinen Faktenlage nach gehört der Käfer zu den meistverkauften Autos aller Zeiten. Aber das relativ einfach gestrickte Gefährt mit den sympathischen Rundungen war eben noch so viel mehr. Ab den 1950ern hatten die Leute eine so enge Bindung zum Käfer, dass sie ihm Kosenamen gaben, die immer noch nachklingen. Er war Kugelporsche, Knutschkugel, Asphaltbuckel, kurz: ein Knuddelauto zum Liebhaben. „Anatomische" Besonderheiten bezeichnete man als Papstnasen, Elefantenfüße oder Rheumaklappen. Nach der Brezel mit geteilter Heckscheibe kam der Ovali. Die mexikanische Produktionsstätte in Puebla, in der 2003 der allerletzte Käfer vom Band rollte, wurde scherzhaft *Castillo de los lobos* getauft – Wolfsburg auf Spanisch.

Das Klingeln des luftgekühlten Boxermotors lieferte den Soundtrack zum Wirtschaftswunder. Und der Erfolg des Volkswagens selbst war auch ein Mirakel. Bedenkt man, dass er auf den nationalsozialistischen Größenwahn eines gewissen Adolf H. zurückging. Der wollte die Deutschen in den 1930ern in großem Stil und mit Hochdruck motorisieren. Sein sogenannter „Kraft durch Freude"-Wagen, den jeder günstig kaufen können sollte, ging aber nicht in Serie. Vorher brach der große Krieg aus und stürzte die Welt ins Unglück. Umso erstaunlicher – und umso bezaubernder – ist es, dass sich der von Urdesigner Ferdinand Porsche gestaltete Vierreifer später in die Herzen von Millionen Menschen tuckerte. In dunklen Zeiten aus chauvinistischem Gedankengut geboren, verwandelte sich der Käfer in ein strahlendes Vehikel der internationalen Völkerverständigung. Sogar in einen *Love Bug*.

Über die Alpen nach Italien, am Wochenende an die Nordsee, zum Baguette-Essen nach Paris! In der Nachkriegszeit war es vor allem der Käfer, der die Menschen unabhängig machte und ihnen ein nie gekanntes Freiheitsgefühl schenkte. Urlaub, Ausflüge, Camping, Picknick: Er war für jeden Spaß zu haben. Als zuverlässiger Pkw erfüllte er alle Reiseträume. Selbst, wenn der deutsche Kleinwagen ein klitzekleines bisschen spießig war – er hat es weltweit zur Kultkarre gebracht. Kaum ein Auto weckt bis heute so viele positive Emotionen.

Den Machern dieses Buchs geht es weder um Käfer-Technik noch um Käfer-Rekorde, auch wenn die natürlich beachtlich sind. Mit ihren Fotos und Geschichten versuchen sie vielmehr, das Lebensgefühl der „Käfer-Ära" wieder aufleben zu lassen. Fast jeder, der ein bestimmtes Alter erreicht hat, verbindet mit dem Kugeligen eine persönliche Geschichte, hat eine eigene Auto-Biografie. Ob man nun als Kind im Gepäckfach in die Ferien gefahren ist, zum ersten Rendezvous, in die Disco oder bis vor den Traualtar. Jetzt, wo unser Freund aus dem Straßenbild nahezu verschwunden ist, reisen wir eben in Gedanken. Bitte einsteigen, Türen schließen, los gehts! Der Charme des Analogen macht besonders im digitalen Zeitalter Spaß. Lassen Sie sich die Erinnerung wach kitzeln, und haben Sie eine wundervolle Zeitreise.

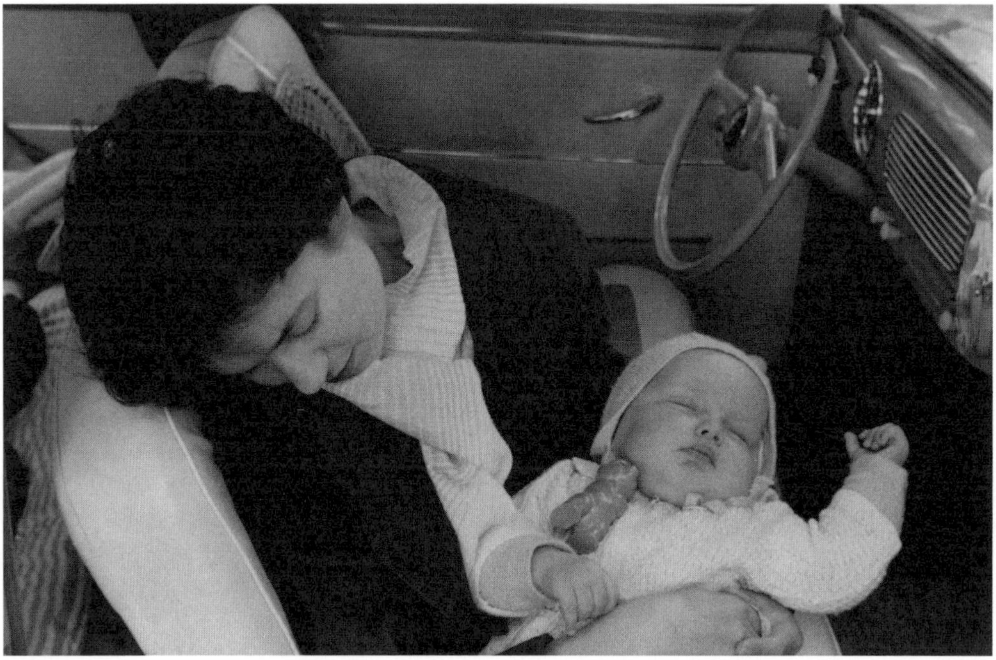

Frisch geschlüpft und schon vom Käfer geprägt: Das Klingeln des Boxermotors war quasi das Erste, was Baby Joerg zu hören bekam.

FAST IM KÄFER GEBOREN

DIE AUTO-BIOGRAFIE VON JOERG LEHMANN

Die Bilder in diesem Buch stammen aus der Sammlung von Joerg Lehmann. Der Profifotograf mit Studio in Berlin hat sich besonders auf dem kulinarischen Sektor einen Namen gemacht. Seit 1994 arbeitet er als Food- und Weinfotograf sowie als Stylist und hat bis jetzt fast 70 Bücher bebildert. Rund ums Essen und Trinken hat er viele Passionen. Außerdem ist der gebürtige Münsteraner gern unterwegs: Über tausend Reisen in die weite Welt hinein hat er schon gemacht. Schöne Dinge sammelt er auch, zum Beispiel VW Käfer. Das Gefährt ist eine seiner größten Leidenschaften. Oder, um es mit seinen Worten zu sagen: „das Hobby meines Herzens". Aktuell besitzt Joerg, der mit seiner Frau im Ostteil der Hauptstadt lebt, einen Brezelkäfer von 1950, eine Brezel von 1952 mit Faltdach, die gerade restauriert wird, und einen Ovali mit Faltdach von 1955. „Tendenz steigend", ist er sich sicher.

Über die vorliegende Publikation sagt er: „Es ist das erste Buch ohne meine eigenen Aufnahmen." Denn ausnahmsweise hat er die Bilder diesmal nicht selbst geschossen. Die Fotos, die Sie in *Der Käfer. Auto-Biografien* sehen, stammen aus privaten Fotoalben. Joerg, ganz passionierter Jäger und Sammler, hat sie über viele Jahre auf Flohmärkten zusammengetragen, im Internet ersteigert oder bei Haushaltsauflösungen ergattert. Das heißt: Die Bilder wurden alle irgendwann irgendwo von irgendwem geknipst. Die wahren Geschichten hinter den Motiven kennen nur die Amateurfotografen selbst – beziehungsweise die abgebildeten Personen. Die anrührenden, skurrilen und mitunter kunstvollen Aufnahmen hat Joerg aufwendig digitalisiert.

Er ist also völlig auf den Käfer gekommen – und das, obwohl seine eigene Auto-Biografie durchaus holprig ist.

Die Liebe reicht bis ins Frühkindliche zurück. Es stand nämlich schon ein Typ 1 vorm Kreißsaal, als seine Mutter ihn entbunden hat. Als der frischgebackene Papa die beiden in den Wagen verfrachtete, war das erste Geräusch, das aus der Außenwelt in Baby Joergs Öhrchen drang, das Klingeln des Boxermotors. Wenn das nicht prägt. Aus Kindertagen, sagt er, habe er nur perforierte Erinnerungen an den Käfer, wisse aber noch, wie eng es damals darin war. Der Vater kaufte sich einen VW Variant mit spektakulärem Armaturenbrett und drei Anzeigetafeln, sodass der Asphaltbuckel zunächst aus Joergs Fokus verschwand. Bis er 18 war. „Da bekam ich einen 70er-Jahre-Käfer von einem Schulkameraden für 50 Mark. Ich musste den Wagen in Olpe abholen und trampte von Husum aus dorthin. Als ich nach der Rückreise in Husum ankam, war er kaputt." Das legte die Liebe gewissermaßen auf Eis.

Joerg Lehmann verbrachte 20 Jahre in Paris, und die verlebte er nicht autolos. So fuhr er zum Beispiel einen Mercedes-Benz 280 CE, einen 450 SL Cabrio sowie eine „Göttin" von 1966, also einen Citroën DS. „Ich habe noch nie in meinem Leben ein neues Auto besessen." Eines Tages rief er, frustriert vom Fehlkauf eines amerikanischen 60er-Jahre-Cabrios, bei seinem Freund Rolf an, und das war folgenreich. Der riet ihm nämlich, sich doch mal einen Käfer zu kaufen. Gesagt, getan. Noch am selben Tag erwarb Joerg einen Ovali von 1957, und war glücklich. Diesen gab er Jahre später an seinen Freund Matthias in Wolfsburg weiter – wo quasi die Wiege des Wagens stand, und wo er ein schönes Leben hat.

Joergs Käfer sind zum Fahren da – und stehen nicht nur in der Garage herum. „Im Sommer fahre ich mit meiner Frau Risa, die aus Tokio kommt, durchs nördliche Deutschland oder nach Schweden; einmal kamen wir sogar bis Oslo. Unterwegs campen wir oft. Die Reisen sind immer aufregend, da ich von Autotechnik rein gar nichts verstehe und somit auf die Hilfe von Werkstätten oder dem ADAC angewiesen bin. Erfreulicherweise muss aber nicht auf jeder Reise der Warnblinker angestellt werden, sodass wir nie

Steppke Joerg (re.) mit seinen Geschwistern Christiane (Mitte) – dem Mädchen, das zur Geschichte *Rimini oder: Im Gepäckfach ins Ferienglück* inspirierte – und Wolf-Dieter.

den Spaß verlieren." Gerade plant Joerg eine Reise im Käfer durch Neuseeland. Aber nicht nach Neuseeland. Das wäre doch etwas zeitintensiv bei einer Durchschnittsgeschwindigkeit von 80 Stundenkilometern, mit der man besser keine Autobahnen benutzt. So sehr sich alle freuen, wenn sie mal wieder einen Kugelporsche sehen, für einige ist der „Entschleunigte" halt doch ein Verkehrshindernis.

Joergs Käfer sind zum Fahren da. Hier kocht seine Frau Risa während einer der Campingtouren, die das Paar aus Berlin so liebt. Der wunderschöne Käfer ist eine 1950er Brezel.

Am Anfang stand bei Joerg Lehmann übrigens nicht das Käfer-Buch, sondern die -Ausstellung. Seit 2015 betreibt er auf Facebook das *Käfer Museum Berlin.* In diesem virtuellen Showroom teilt er seine große Liebe mit anderen Fans. Und hier kommen Sie ins Spiel. Erkennen Sie zufälligerweise eine oder mehrere Person(en) in diesem Buch, gar sich selbst? Dann würde sich Joerg Lehmann kolossal über die wahre Geschichte hinter der Aufnahme freuen. Denn so manches, was der Autorin zu den inspirierenden Fotos eingefallen ist, ist reine Fantasie.

Bitte schicken Sie Echtes, Ehrliches und Einmaliges – für einen Gastbeitrag auf Facebook – an: mr.joerg.lehmann@gmail.com
Auch wenn Sie mit den Bildern in diesem Buch nichts zu tun haben: Ihre Geschichten und Fotos sind herzlich willkommen.
Mehr über Joerg Lehmann und seine Arbeiten erfahren Sie unter:

culinaryworld.com
decucinaria.wordpress.com
studio1.berlin

KAPITEL 1

LIEBE & FAMILIE

Auf der Rückbank

„Wir müssen damit aufhören", sagte ich im Oktober.

„Aber warum denn, *bella*?", fragte er und küsste meine Nasenspitze, während ich versuchte, meinen Büstenhalter wieder anzuziehen, was hier hinten nicht so einfach war. Sämtliche Bewegungen waren nicht so einfach auf der Rückbank seines Käfers. Im Laufe der Wochen hatten wir aber Positionen für Ellenbogen, Knie und Köpfe gefunden, in denen wir uns nicht allzu sehr anstießen oder einquetschten. Ich sah zu ihm hinüber. Er war verschwitzt, verstrubbelt und nackt bis auf ein weißes Unterhemd. Ich strich ihm lächelnd übers dichte Brusthaar, das daraus hervorquoll. Er blickte mich aus tiefbraunen Augen mit typischer Unschuldsmiene an.

Ich fragte: „Stört es dich denn gar nicht, dass ich einen Verlobten habe?"

Er half mir mit den Haken und Ösen des Büstenhalters und küsste dabei meinen Hals. Die Art, wie er mich ansah und anfasste, ließ mich Dinge tun, von denen ich nie gedacht hätte, dass ich sie jemals tun würde. Nicht einmal geahnt hätte ich es.

„Doch! Macht mich ganz krank! Musst du wirklich heiraten diese deutsche Spießer?"

„Ich muss nicht, ich will."

„Trotzdem wir können uns doch treffen." Er grinste und strich sanft mit den Fingerspitzen über meinen Busen.

„Träum weiter", rief ich lachend, warf ihm sein Hemd über den Kopf und begann, ihn durchzukitzeln.

„Der hat's aber auf dich abgesehen", flüsterte Inge und nickte in Richtung Theke. Als ich das erste Mal in seine hungrigen Augen sah, lief ich puterrot an.

„Wer? Der? Quatsch." Die Mädchen kicherten. Luigi und sein

„Per favore, bella Isabella."

Bruder Paolo, die hinter dem Tresen die Getränke mixten, stimmten lachend ein. Es war ein regnerischer Nachmittag im Mai. Ich traf mich mit meinen Freundinnen, die wie ich so um die 16 waren, immer samstags in der Milchbar am Marktplatz. Als Luigi mir – ohne dass ich ihn bestellt hätte – einen Erdbeershake mit einem roten Schirmchen vor die Nase stellte, zwinkerte er mir zu und nannte mich zum ersten Mal „bella". Verlegen strich ich mein lindgrünes Kleid glatt. „Du wirst dich doch wohl nicht von einem Gastarbeiter umgarnen lassen?", fragte Elke sauertöpfisch. „Nur keinen Neid", konterte Christa, sog aufreizend an ihrem Strohhalm und winkte Paolo zurück.

Im August hatte er mich überredet, mit ihm ins Autokino zu fahren. Ich ging damals schon ewig mit meinem Schulfreund Richard, aber Luigi fragte mich jeden Samstagnachmittag unter Aufbietung all seines süditalienischen Charmes, ob ich mit ihm ausgehen würde. Er passte mich ab, sobald ich in der Milchbar mal musste, und bettelte: „Eine einzige Male, *per favore, bella Isabella.*" Schließlich gab ich mich geschlagen. „Es darf aber keiner mitkriegen", zischte ich in sein seliges Gesicht.

Wer mal drinnen saß, weiß: Viel Platz ist nicht, im Fond dieses Autos. Schon gar nicht zum „*amore*-Machen". Unzählige Paare haben dennoch romantische Erinnerungen an das besondere Liebesnest.

Am darauffolgenden Dienstag holte er mich, ein paar Straßenzüge von meinem Elternhaus entfernt, mit seinem hellblauen Käfer ab und fuhr mit mir in den Nachbarort. In der kleinen Blumenvase auf dem Armaturenbrett steckte eine rote Rose. Er lenkte den Wagen lässig mit der Rechten, der linke Arm hing angewinkelt zum Fenster hinaus. „Ein, zwei Stunden", dachte ich, als der Platzanweiser uns auf den Stellplatz lotste, aber Luigi hatte *Vom Winde verweht* ausgesucht. Noch vor Ausbruch des Bürgerkriegs nahm er meine Hand und lächelte mich schüchtern an. Ich zog sie nicht weg. Als es dunkel wurde, strich er mir zärtlich die Haare aus dem Gesicht, ließ seine Zungenspitze über mein Ohr gleiten und flüsterte etwas auf Italienisch hinein. Ich kam fast um vor Aufregung – niemals hatte

Was hier so zärtlich umarmt wird, ist heute nur noch selten zu finden – zum Leidwesen von Liebhabern. Brezelkäfer wurden bis 1953 gebaut. Danach war ihr Heckfenster nicht mehr zweigeteilt.

Richard mich derart berührt! Dann knutschten wir hingebungsvoll, und ich sah lange nicht zur Leinwand. Als Scarlett O'Hara „Nie wieder hungern!" rief, schob er seine Hand unter meinen Rock und in meinen Slip hinein. Die Rose fiel aus der Vase, und die blauen Flecken, die der Schaltknüppel in meine Rippen drückte, hielten sich lange. Zu Hause gab es Stunk, weil ich erst weit nach Mitternacht dort war.

Fast ein Jahr später. „In ein paar Wochen werde ich keine Zeit mehr für unsere kleinen Ausflüge haben, Luigi." Ich deutete auf meinen dicken Bauch. „Wenn ich nicht schon vorher platze." Er streichelte gedankenverloren meine geschwollenen Beine, die quer über seinen

Knien lagen, und sagte, er würde diesen Herbst auch heiraten – eine entfernte Cousine aus Palermo. Das versetzte mir einen gewaltigen Stich. Im Autoradio lief *Rock Around the Clock*, und wir schwiegen lange. „Das muss sowieso aufhören", sagte ich so bestimmt, wie ich es vermochte. Er hob mein linkes Bein hoch über seinen Kopf und legte es auf seiner Schulter ab. Dann arbeitete sich seine Zunge langsam über meinen Schenkel nach oben, bis ich seufzte. „Aber warum denn, *bella*?"

Wir hatten eine Übereinkunft getroffen: Unser Alltagsleben samt unserer Probleme musste draußen vor der Käfertüre bleiben. Doch einmal saß Luigi auf der Rückbank und weinte. Ich bat ihn, zu erzählen. Seine zweite Tochter war schwer erkrankt, und die Ärzte wussten nicht weiter. Es war das erste Mal, dass er bei einem unserer Schäferstündchen auf die Uhr sah. Zu allem Übel hatte Paolo über Jahre hinweg Einnahmen abgezweigt und die Milchbar stand vor dem Aus. Ich küsste ihm die Tränen von den Wangen und streichelte sein dichtes Haar. „Sollen wir damit aufhören?", fragte ich. Er schüttelte den Kopf, zog mich in seine Arme und hielt mich fest. „Aber ist schlimm, wenn wir machen heute keine *amore*?" Es war das erste Mal in 13 Jahren, dass wir es nicht taten. Vier Jahre später sollten wir noch ein weiteres Mal unsere Sachen anbehalten.

In manchen Jahren trafen wir uns ein Mal, in manchen bis zu zehn Mal. Meist fuhr ich mit dem Bus ins Nachbarkaff und wartete an der Haltestelle, bis das vertraute Knattern unserer Knutschkugel ertönte. Spätestens dann setzte die Aufregung ein. Als sie das Autokino abrissen, fuhren wir in ein abgelegenes Waldstück. Wir machten fast immer auf der Rückbank *amore*, nie vorne, an heißen Tagen auch mal auf einer Decke vor dem Auto. Wir zogen uns nach der jeweiligen Mode aus und teilten uns danach immer eine Zigarette. Mal brachte er Spumante mit, mehrfach beobachteten wir Rehe auf der nahen Lichtung. Einmal schneite es so stark, dass wir fast in einer Schneeverwehung stecken blieben und ich den Käfer anschieben musste. Es war zu schön und zu romantisch, um Gewissensbisse

Schauer, der das Herze fühlen,
Der die Seele schmelzen macht,
Flüstert durchs Gebüsch im Kühlen.
Welche schöne, süße Nacht!
(Johann Wolfgang von Goethe)

zu haben. Anfang der 1960er, es war kurz vor Weihnachten, fragte Luigi mich, ob ich meinen Mann nicht verlassen und mit ihm weggehen wolle. Ich wollte es nicht. Im darauffolgenden Jahr ließ Richard mich mit den Kindern sitzen, doch Luigi hatte eine gute Phase mit Maria, und ehrlich gesagt, konnte ich mir ein Leben mit ihm nicht so recht vorstellen. Ich heiratete ein zweites Mal und fand heraus, dass es keinen Grund gab, Luigi nicht mehr zu treffen.

Ich stand am Bushäuschen und sah irritiert auf den Wagen, der mich nun schon zum zweiten Mal anhupte. Mir wurde heiß und kalt, da ich dachte, ein Bekannter hätte mich hier entdeckt, während ich auf meinen Geliebten wartete. Aber ich kannte niemanden, der einen orangefarbenen Toyota Corolla fuhr. Mir klappte die Kinnlade herunter, als ich Luigi aussteigen sah. Er strahlte und rief mir zu: „Viel schneller und außerdem: hinten mehr Platz!"

Wir fuhren schweigend zum Wäldchen. Auf den nach Plastik riechenden Rücksitzen versuchte er, mir die Bluse aufzuknöpfen, doch mir war die Lust vergangen. „Tut mir leid, ich kann das hier nicht." Es war wohl an der Zeit, damit aufzuhören.

Ein halbes Jahr später rief Luigi mich an. Er habe sich einen roten Käfer gekauft, gleiches Baujahr wie „unser blauer". Ob ich nicht Lust hätte, mir den mal anzusehen. Warum nicht?

Wie er das mit dem erneuten Autokauf seiner Maria verklickert hat, weiß ich bis heute nicht. Es ist mir auch egal.

FRAU AM STEUER

„Ich, heute Morgen, ahnungslos auf der Autobahn unterwegs, da überholt mich doch glatt ein Käfer Cabrio. Am Steuer: eine Frau, die sich im Rückspiegel die Lippen nachzieht. Plötzlich bemerke ich, dass sie ihre Spur nicht hält und gefährlich nah an meinen Audi herankommt. Dabei erschrecke ich dermaßen, dass mir der Elektrorasierer aus der Linken rutscht. Dummerweise genau auf meine brennende Zigarette in der Rechten, mit der ich lenke. Die Kippe fällt in den Fußraum. Ich, geistesgegenwärtig, lenke daraufhin mit den Knien weiter und taste nach unten. Doch dabei kippt der Kaffeebecher auf dem Fahrersitz um und versaut mir die ganze Anzughose. Während ich noch versuche, die Zigarette auszutreten, zieht der Käfer an mir vorbei, und die Schnepfe winkt mir fröhlich zu. Mannomann, war das knapp! Ich sag's euch – mal wieder typisch Frau am Steuer."

Volles Vergnügen voraus.

Als die Frauen den Fahrersitz einnahmen, kamen viele Männer schlecht damit zurecht. Die Damen fuhren trotzdem: Autos machten Spaß und unabhängig.

Das geschwungene, feminine Design des Käfers …

… harmonierte schon immer mit weiblicher Schönheit.

DER KÄFER IM GLÜCK

Käferliebe rostet nicht.

BN40-4069

Fahrschule
AUTO-FAHRSCHULE
Uhren-Göhler

34-3582

Buon appetito!

Rimini oder: Im Gepäckfach ins Ferienglück

Ich verspüre ein leichtes Ziehen im Bauch, als der Flieger sich nach hinten senkt und wir durch die Wolkendecke in den Himmel stoßen. Diesmal ist es Bangkok, und gegen einen kleinen Aufpreis haben wir uns in die Business Class upgraden lassen. „Freust du dich, Christiane?", fragt mein Mann. Ich nicke zaghaft. Denn mal ehrlich: Das hier soll *freuen* sein? Wieder einmal versuche ich mir vergeblich vorzustellen, wie sich das früher angefühlt hat. Es begann Wochen vor den großen Ferien, ging morgens beim Aufwachen los und hielt mich vom Einschlafen ab. Das Herzchen klopfte, die Fantasie ging mit mir durch, der Mund stand nicht mehr still, kurz: Ich war ein blubberndes Glückkind. Mit Verlaub: Das bisschen Bauchziehen jetzt ist ein Witz dagegen.

Unser erster Buckelporsche war grün wie eine Erbse und beladen wie ein Viertonner. An dem Morgen, an dem es endlich losging – an dem wir zum ersten Mal überhaupt in die Ferien fuhren –, war die Stimmung angespannt. Mama hatte viel zu viel eingepackt, und Papa hatte Mühe, alles unterzukriegen. Vorne, oberhalb des Reserverads, passte gerade eben der große Koffer hinein. Hinter die Rückbank, wo sich weiterer Stauraum befand, quetschte Papa den kleinen Koffer und zwei Reisetaschen. Ich schmollte, als man mir mitteilte, dass nur die Jungs auf der Rückbank sitzen dürften. Allerdings freute ich mich diebisch, als ich sah, was die alles auf den Schoß geladen bekamen: Wolf-Dieter begrub man unter den Badetaschen, Joerg erstickte fast unterm Reiseproviant. Ganz zum Schluss stopften meine Eltern mich, die Kleinste, in den winzigen verbleibenden Raum unter der Heckscheibe. Sollte ich etwa die ganze

lange Fahrt nach Italien auf den harten Reisetaschen im Gepäckfach liegen? Ich weinte zornige Krokodilstränen in meine Schmusedecke hinein, aber es nützte nichts. Gekränkt und missachtet bettete ich mein Haupt auf das neue Reisekissen ... und greinte mich direkt in die Bewusstlosigkeit. Das lag zum einen an der schlechten Belüftung im Käfer-Inneren. Und zum anderen am rüsselnden Boxermotor, der nur eine Armlänge von mir entfernt auf Hochtouren lief – schließlich schlägt das Herz des Käfers hinten. Die Summe aus beiden Faktoren stellte sich jedenfalls als bestes Schlafmittel aller Zeiten heraus. Ich wachte erst auf, als der Motor zum Stehen kam und die Türen aufgingen. Als ich, auf dem Rücken liegend, die Augen aufschlug, sah ich in den blauen, wolkenlosen Himmel hinein. Und dann erblickte ich sie: die Bergspitzen – zum ersten Mal überhaupt!

„Alle Mann von Bord – raus zum Pinkeln, ihr Leichtmatrosen!", rief Papa in bester Ferienlaune nach hinten. „Du auch, Prinzessin auf der Erbse." Alle lachten, buddelten sich frei und kletterten aus dem Wagen. Auf dem Rastplatz gab's einen Picknicktisch, den Mama schon gedeckt hatte, als wir vom Klohäuschen zurückkamen. Im Angesicht der bayerischen Alpenkette gab's gebratene Hähnchenschenkel und Zitronenlimonade – zum ersten Mal überhaupt. Ich atmete tief ein und schäumte über vor Glück. Alle streckten sich, und dann überquerten wir die Alpen.

Noch heute macht mich der Geruch von gebratenem Huhn froh; er fördert schöne Erinnerungen zutage. Würde man mich fragen, welches das Lieblingsgeräusch meiner Kindheit war, antwortete ich, ohne zu zögern: „das blecherne Tuckern unserer Familienkutsche." Kutschen, muss ich korrekterweise sagen, denn Jahre nach der Erbse kam ein anderer grüner Käfer, den wir Kinder „Pistaccio" tauften – nach dem italienischen Speiseeis. Der Buckelporsche lieferte die fröhliche Begleitmusik für unsere alljährlichen Reiseabenteuer – wo immer er uns auch hinbrachte. Denn die Schauplätze änderten sich: Mal fuhren wir nach Bibione, mal nach Jesolo oder Caorle. Später wechselten wir von der Adria an die Riviera. Doch der Käfer-Sound blieb immer gleich.

Irgendwann war ich zu groß fürs Gepäckfach, aber bis dahin war es mein Sechser im Lotto. Nie beneidete ich die Packesel auf der Rückbank um ihre aufrechte Sitzposition. In der Rückschau kommt es mir vor, als hätte ich ganze Jahre meiner Kindheit prinzessinnengleich auf unseren Taschen gethront. Manche Fahrt verschlief ich, erschöpft von der wochenlangen Ferienvorfreude und eingelullt vom gleichmäßigen Tuckern. Doch wie oft lag ich mit weit geöffneten

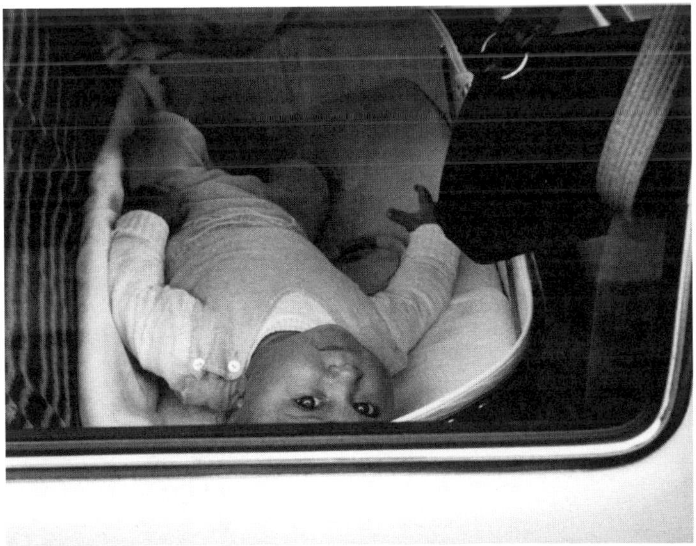

Kinder und Hunde ins Gepäckfach! Heute – aus Sicherheitsgründen – kaum noch vorstellbar. Käfer fahren hieß: gurtlos fahren. Erst, als in den 1970ern die Anschnallpflicht galt, fuhr man „oben mit". Zumindest vorne.

„Es ist der Zauber der ersten Male,
der uns im Leben umhaut."

Augen im Dunkeln und sah durch die Heckscheibe in den endlosen Sternenhimmel hinein! In der Geborgenheit meiner Familie träumte ich ungestört von einer verheißungsvollen Zukunft.

Heute kann ich mich anstrengen wie ich will, aber dieses Kindheitsglück lässt sich einfach nicht mehr abrufen. Mein erwachsenes Gefühlsrepertoire ist lächerlich verarmt. Es ist der Zauber der ersten Male, der uns im Leben umhaut.

Obwohl …

Nichts gegen Rimini, aber die Vorfreude war meist größer als der Ferienspaß an sich. Natürlich, das Meer war wunderbar – und die Pizza und das Gelato und die Sonne auch. Aber der ultimative Glücksrausch, der fand irgendwie vorher statt.

Und heute? Ist die Vorfreude bedauerlicherweise nicht mehr überschäumend. Aber vielleicht ist es gerade dieser Mangel an großen Zukunftsillusionen in unserem bescheuerten Erwachsenendasein, der am Ende für ausgleichende Gerechtigkeit sorgt? Denn wo vorher kaum noch freudige Erwartungen sind, ist mittendrin viel mehr Platz für Überraschungen.

Ich grinse meinen Mann breit an.

Bangkok, wir kommen!

„**Ich muss mal.** Ich hab Durst. Rabäh, der Uwe hat mich gehauen! Mir ist sooo langweilig. Wie weit ist es noch bis Italien?"

Großes Brummbrumm für kleinen Mann. Wetten, dass auch dieser Fahrer „seinen" Käfer für immer und ewig ins Herz geschlossen hat?

IMMER WIEDER SAMSTAGS

„Was ist es denn diesmal?", fragt Frau Schmidt und bettet ihre Arme bequemer auf das Sofakissen, das vor ihr auf der Fensterbank liegt.

„Die Heizung hat mal wieder ihre Mucken", ruft Herr Meier dumpf unter dem Wagen hervor.

„O-nein-o-nein", murmelt sie. Diese doppelte Verneinung ist typisch für Frau Schmidt. Sie verwendet sie bei jeder passenden und unpassenden Gelegenheit – immer schon. Früher trug ihr die ständige Wiederholung dieser Phrase bei den Nachbarskindern den Spitznamen *Tante O-nein-o-nein* ein. Sie wusste es. Dass sie nur ein paar Jahre die Volksschule besucht hatte, bedeutete nicht, dass sie dämlich war. Sie wusste es sehr wohl.

Das mit den Kindern ist lange her. Wahrscheinlich 40 Jahre. Damals waren ihre beiden Söhne, Klaus und Ingo, sowie die zwei von Herrn Meier ganz dicke. Sie zogen zusammen um die Häuser und stellten dummes Zeug an: Klingelstreiche, Schule schwänzen, Luft aus Autoreifen lassen, sich prügeln, auf dem Schulhof rauchen.

„Wie heißen Ihre Jungs nochmal – Peter und Torsten?"

„Volker und Rainer". Herr Meiers Lachen hallt laut unter dem Wagen hervor.

Stimmt. Erst waren sie vier Rotznasen mit kurzen Beinen, dann vier Rotzbengel mit langen Beinen. Als sie Frauen fanden und den Ort verließen, stellten sie kaum weniger Blödsinn an: Steuern hinterziehen, betrunken Auto fahren, schwul werden, sich scheiden lassen, auswandern.

„Kleine Kinder, kleine Sorgen. Große Kinder, große Sorgen", sagt Frau Schmidt und sieht gedankenverloren in den trüben Himmel über der Stadt, die in einer Welt liegt, in der nichts mehr passiert.

„Herr Meier polierte sein Auto, bis es glänzte wie eine Speckschwarte."

Ein Bierfass ist schneller in den Käfer eingeladen als sein Motor ausgebaut. Auch wenn Letzteres schon immer fix ging. Das *Guinness-Buch der Rekorde* zeigt, dass es heute nur noch wenige Minuten dauert.

Herr Meier krabbelt unter seinem altersschwachen Käfer hervor. Er selbst ist auch nicht mehr taufrisch. „Wissen Sie denn nicht mehr, wie der kleine Volker mir immer beim Autowaschen geholfen hat?"

War das zu der Zeit, als sie den Schrebergarten weiter hinten in der Straße hatte oder schon früher? „Natürlich", lügt Frau Schmidt und lenkt ab: „Haben Sie die Bremsen wieder hinbekommen?"

Herr Meier verzieht das Gesicht, macht sich lang und hält sich den unteren Rücken. Er ist von großer Gestalt, wenn er mal aufrecht steht. „Ich glaube, das hält alles nicht mehr ewig." Er hebt die Hand zum Gruß und schlurft gebeugt zur Garage, die neben seinem Reihenhäuschen steht. Feinrippunterhemd, ausgebeulte Trainingshosen, Adiletten, schütteres Haar.

„O-nein-o-nein", sagt Frau Schmidt. Er ist wirklich ein alter Zausel geworden. Auch sie streckt sich – das Aus-dem-Fenster-Beugen tut mittlerweile höllisch weh. Aber immer nur vor dem Fernseher zu sitzen und sich Katastrophen anzugucken, macht sie irre. Gleich wird ihr Nachbar wiederkommen: mit einem Eimer Spülwasser bewaffnet. Erst kommen die Reparaturen, dann kommt die Wäsche. Ein Kübel muss genügen. Meier schont die Rohstoffe, aber nicht aus Umweltbewusstsein. Er wird das Auto penibel mit einem Schwamm einschäumen, das Dreckwasser in den Gulli schütten, mit einem einzigen Eimer klarem Wasser nachwischen und dann den Lack polieren. Sie kennt die Arbeitsschritte. So pflegt er seinen Wagen, seit sie hier wohnen, also immer schon. Jeden Samstagnachmittag, ob nun Sommer oder Winter ist, der Todestag seiner Frau, Heiligabend oder Wiedervereinigung. Nur, dass der Käfer früher danach wie neu geblitzt hat, statt wie heute stumpf, grau und hinfällig am Straßenrand zu stehen. Egal, wie sorgsam man ihn auch wienern mochte. Sie denkt an ihr eigenes Erscheinungsbild und seufzt. Über sich selbst denkt sie wie über dieses Auto: Es grenzt an ein Wunder, dass die olle Schrottkiste nicht längst den Geist aufgegeben hat.

„Keine 19 Minuten!", schrie Ingo, machte einen Luftsprung und zeigte demonstrativ die Stoppuhr herum. Damit hatte Klaus, der sich keuchend auf den Bürgersteig fallen ließ, den Meier'schen Rekord von 21,5 gebrochen. Ingo wälzte sich mit seinem ölverschmierten Bruder jubelnd auf dem Asphalt, während sich die Gebrüder Meier sichtlich ärgerten. Rainer zog sein T-Shirt aus, denn nun war es an ihm, zu unterbieten. Seine Mutter sah unterdessen stirnrunzelnd aus dem Küchenfenster. Eigentlich wollte sie bald mal zu Aldi fahren. Es konnte doch nicht angehen, dass man seinen eigenen Wagen nicht mehr benutzen konnte! In einer seiner Autozeitschriften hatte Volker gelesen, dass man den VW-Motor jeweils binnen 15 Minuten

Es musste nicht immer Dakota-Beige sein. Ab den 1970ern gab es leuchtende Käfer in Blutorange, Weiden-grün, Aubergine oder Saturngelb. Vereinzelt hatten sie sogar Sitzbezüge aus Jeansstoff.

Ein Mal Waschen und Wienern, bitte. Der Samstagnachmittag war häufig für des deutschen Mannes liebste Hobbys reserviert: Autos und Fußball.

demontieren und wieder montieren könne. „Diese Auswechselbarkeit ermöglicht die Verwirklichung eines ganz neuen Kundendienstgedankens", las er den anderen laut aus dem Magazin vor und sah feixend in die Runde. „Ich würde sagen: Diese Auswechselbarkeit ermöglicht Ihnen die Verwirklichung eines ganz neuen Ferienspaßes, meine Herren."

Was mit einer fixen Idee begann, hatte sich im Laufe des Sommers zu einer Obsession ausgewachsen: Zeit läuft, Motorhaube auf, Kabel, Dichtungen, Schläuche und Schrauben raus, Motorblock auf den Gehweg, bis fünf zählen, alles wieder retour, Motorhaube zu, großes Geschrei. Im darauffolgenden Sommer schlugen sie die Zeit mit einem anderen Wettkampf tot und bauten die Autositze aus und ein. Tante O-nein-o-nein, die Hexe, die immer über dem Fensterbrett hing und alles, was in ihrer Straße geschah, kommentierte, rief gelegentlich: „Müsst ihr so einen Krach machen?" Man hatte sich angewöhnt, ihr Geschwätz zu ignorieren.

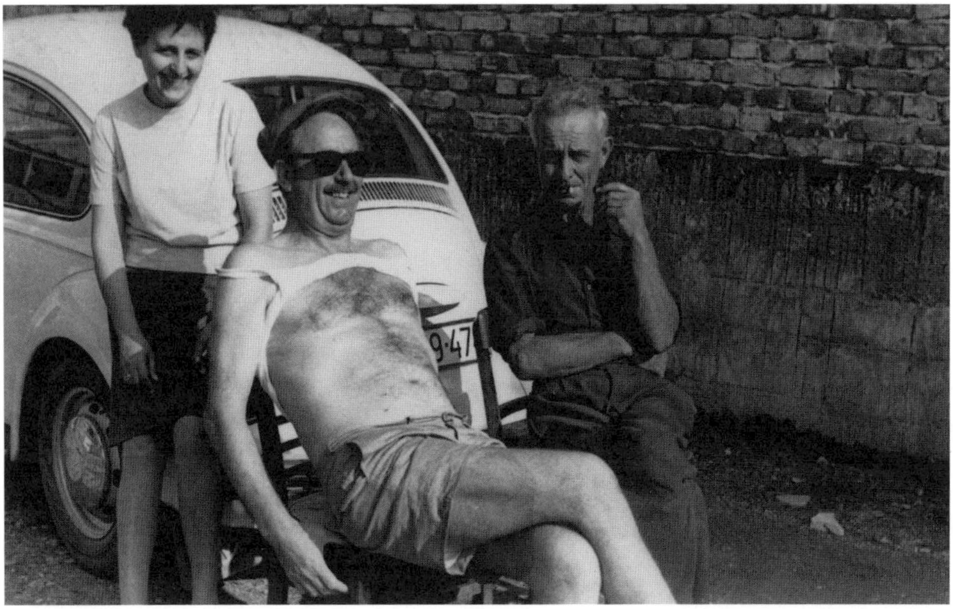

Komisch – je älter Frau Schmidt wird, desto mehr wünscht sie sich den Lärm der Kinder zurück. Mittlerweile lärmen nicht einmal mehr ihre Enkel, so erwachsen sind die schon. Sie betrachtet das Bild von Heidi im Regal neben dem Fenster. Diese steht samt Ehemann Klaus vor deren Haus in der Nähe von Boston. Sie spricht nicht mal Deutsch. Frau Schmidt war einmal drüben, viele Jahre, nachdem sich ihr „Kläuschen" mit seiner „Lady" über den Atlantik abgesetzt hatte. Sie war ein arrogantes Biest. Der alte Käfer, den sich das Paar zur Hochzeit leistete, wurde mitverschifft. Das musste etwa zu der Zeit gewesen sein, als Ingo begann, keine Frauen mehr zu mögen, am wenigsten seine eigene. Oder war das später? Jedenfalls gab es Streit und Tränen. Seither hat sie keinen Kontakt mehr zu ihrem Sohn.

Herr Meier bearbeitet sein Auto hingebungsvoll – ein Kleckschen Politur für einen Kotflügel muss genügen. Er sollte sich beeilen; in zwölf Minuten beginnt die Bundesliga. Dann wird er – wie zu allen Zeiten – im Haus verschwinden.

Man kann sich gar nicht früh genug für Autotechnik interessieren. Und für Hertha, Schalke oder den HSV, natürlich.

Das waren schon früher die Stunden, in denen ihre Straße wie leer gefegt war. Die Männer saßen vor ihren Radios und Fernsehern und verfolgten, wer bei Hertha, Schalke oder beim HSV welche Tore schoss. Nach dem Schlusspfiff strömten alle wieder heraus, bereit zu neuen Schandtaten. Frau Schmidt nahm ihren Fensterposten wieder ein, Herr Meier polierte sein Auto manchmal noch fertig, bis es glänzte wie eine Speckschwarte.

„O-nein-o-nein", murmelt sie. Ihr Rücken schmerzt heute außergewöhnlich stark. Als Ingo sieben oder elf Jahre alt war, hat er ihr mal erzählt, dass es bei den Meiers samstags noch ein weiteres Reinigungsritual gab. Wenn der alte Geizkragen mit dem Auto fertig war, stieg er in die Badewanne und ließ sich von seiner Gattin das Öl vom Pelz schrubben. Danach durfte Mutti rein, dann Volker, dann Rainer. Immer ins gleiche Wasser, frisches kostete ja. Widerlich. Das hätte sie ihren Jungs nie angetan. Hat sie ihre Söhne zu sehr verwöhnt und bemuttert, nachdem deren Vater nicht mehr war? Sie fragt sich, warum Ingo und Klaus aus ihrem Leben verschwunden sind, während Meiers Kinder und Enkel immer noch zu Besuch kommen. Sie muss sich ein wenig aufrichten und bewegen. Gleich wird da draußen sowieso nichts mehr los sein. Hertha, Schalke, HSV. Sie hat gegessen, der Tag ist noch lang. Was soll sie tun? Es sind nicht die Zipperlein und nicht die Gebrechen. Es ist die Stille, die ihr zusetzt.

Dann geht Frau Schmidt hinein und folgt einem Impuls, der sie selbst völlig überrascht. Sie nimmt den Telefonhörer auf und wählt Ingos Nummer.

IN MEINEN PICKNICKKORB PACKE ICH

Waldmeisterbowle, Eierlikör und Flaschenbier
Leberwurststullen
Kalten Hund
Thermoskanne mit Filterkaffee
Mettigel mit Salzstangen
Käsewürfel mit Dosenmandarinen
Buletten mit Senf
Gewürzgürkchen und Mixed Pickles
Heringssalat mit Rote Bete
Hart gekochte Eier mit Sardellenpaste und Lachsersatz
Tomaten-Fliegenpilze mit Fleischsalat gefüllt
Schinkenröllchen mit Spargel gefüllt
Krabbencocktail mit Mayonnaise
Eiersalat mit Mayonnaise
Nudelsalat mit Mayonnaise
Kartoffelsalat mit Mayonnaise
Schnaps

Es war einmal eine Zeit, da wussten die Menschen nichts von veganer, glutenfreier oder lakto-vegetabiler Kost. Frei nach dem Motto „Verzicht ist aller Laster Anfang" wurde geschlemmt, bis die Schwarte krachte.

D

Essen im Grünen hält Leib und Seele zusammen.

CAMPINGPLATZORDNUNG – BITTE BEACHTEN

Das Aufhängen von Wäsche in den Bäumen ist untersagt.

Das Betreten der Rasenfläche ist verboten.

Das Hinterlassen von Stolperfallen auf den Durchgangswegen ist rücksichtslos.

Das Autowaschen ist auf dem gesamten Zeltplatzgelände strengstens verboten.

Das Hören lauter Musik ist auf dem Campingplatz zu unterlassen.

Offenes Feuer und Grillen ist auf dem gesamten Gelände strengstens untersagt.

Auf den öffentlichen Wegen ist angemessene Kleidung zu tragen.

Das Abstellen von Fahrzeugen auf dem Seitenstreifen ist nicht gestattet.

OKTOBERFEST

„Hiaaasl, der Kurti hat angrufen!", rief die Schwiegermutter aus dem Erdgeschoss des Bauernhauses heraus.

„Wos?" Matthias Gruber wischte sich die ölverschmierten Hände am Schnupftuch ab und stopfte es zurück in die Lederhose.

„Er kommt a bissl später!", plärrte Maria aus der Küche.

„Herrgottsack, kann der nicht einmal pünktlich sein?", fluchte Matthias, schloss die Motorhaube und fügte leiser hinzu: „Bleede Henna."

„Ich hab fei ghört, was du grad über d'Mama gsagt hast", tönte es nun aus dem ersten Stock. Der Vorwurf in Traudls Stimme war nicht zu überhören. „Die backt dir fei grad deinen Sonntagskuchen." Sie lehnte über der Balkonbrüstung und lugte aus den Geranien hervor. „Musst jetzt du unbedingt heit auf'd Wiesn?"

Zur Antwort bekam sie ein Brummen.

„Ich hab fei meine Spione im Schützenzelt", kam es schnippisch von oben.

„Wenn der Gmias-Kurti kommt, zeigst eahm, wo die Kalbl stehen. Der kann mir mal den Schuh aufblasen." Mit diesen Worten stieg Matthias in seinen schwarzen Käfer und knatterte mit seiner 48 PS starken Zweivergaseranlage vom Hof. Dabei schimpfte er: „Weiberwirtschaft, elendige."

Es war ein strahlender Septembermorgen. Als er in nördliche Richtung davonbrauste, genoss er den ewig schönen Blick über den Starnberger See und atmete Freiheit. In Percha bog er auf die Autobahn. Aus dem Radio erklang: *Schön ist es auf der Welt zu sein* von Roy Black.

Eine Stunde später schob Traudl erneut die Nase durch ihre Geranienpracht. Sie hatte gehofft, ihr Mann sei zurückgekommen, musste aber feststellen, dass es nur dessen jüngerer Bruder war, der da auf den Hof geknattert kam. Der Kurti – ein stattliches

„Rätätä, rätätä, morgen hamma Schädelweh."
(Wiesnhit)

Mannsbild, der ebenfalls kurze Krachlederne trug – hievte sich aus seinem Käfer. Der Vater der Gruber-Brüder – der Herrgott lass ihn selig ruh'n – hatte seinen Sprösslingen zwei baugleiche 1951er-Limousinen vererbt. An seinem Erbstück, das patinagrün war wie die Turmhauben des Doms zu Unserer Lieben Frau in München, hatte Kurt eine Anhängerkupplung und einen einachsigen Viehanhänger befestigt.

„Hätt' der nicht die paar Minuten warten können?", fragte er seine Schwägerin, als sie gemeinsam zum Kuhstall gingen. Traudls Schwester Christa hatte sich ihnen schüchtern angeschlossen. Wenn der Kurti kam, war sie nicht weit. Das arme Ding war von Geburt an taubstumm und samt Traudls Mitgift Anfang der 1960er mit auf Matthias' Hof gekommen. Als der Vater der Hinterleitner-Mädchen gestorben war, zog auch die Mama von Tutzing herüber.

„Da treibst du dich rum", sagte Traudl, als sie ihren Zehnjährigen bei den Kälberboxen vorfand. „Kannst fei gleich deinem Onkel beim Verladen helfen." Michi zuckte die Achseln und sah sie frech an. Er stand auf der Seite seines Vaters. Dass die Brüder sich uneins waren, hatte vor allem damit zu tun, dass Kurt beschlossen hatte, Ackerbau und Viehzucht nur noch ökologisch zu betreiben. Er war Mitglied eines Bioanbauvereins und düngte chemiefrei. Matthias hingegen, glühender Verfechter der herkömmlichen, ertragreichen Milch- und Landwirtschaft, war auf dem Weg zum Großbauern und verachtete seinen Bruder für diesen anthropopo ... Müsli-Schwachsinn halt. Da die Weiberleut aber fanden, dass dem Kurt sein Obst und Gemüse besser schmeckten, hatten sie Folgendes abgemacht: Kurt lieferte Äpfel, Birnen, Kohl, gelbe Rüben und anderes Grünzeug von seinem Biohof zu ihnen nach Kempfenhausen. Im Gegenzug nahm er ab und zu ein Kälbchen oder ein paar Küken von Matthias' Hof ins wenige Kilometer entfernte Farchach zu sich, wo er die Tiere artgerecht aufzog. Oder, um es mit Matthias' Worten zu sagen: „Mit vierblättrigem Kleeblatt verwöhnte und bei Vollmond zu Tode schmuste."

Als Kurt sein Gefährt wieder vom Grundstück rangierte, machte Traudl ihm ein Zeichen, zu warten. Sie habe den Verdacht, sagte sie verlegen durchs Autofenster, dass der Hias der Heidemarie aus

Percha nachstiege, dieser hübschen Rothaarigen. Und ausgerechnet heute, wo sich der Frauenchor Percha auf der Wiesn treffe, da müsse auch ihr Mann dringend dorthin. Ob er da was wisse? Kurt blieb die Spucke weg. Er selbst umgarnte besagte Dame seit Monaten und bald … würde er sie so weit haben.

„Alte Drecksau, alte", fluchte Kurt und stieg aus. Er band die Kälber mit einem Strick aneinander und die Enden fest an die Holzplanken des Anhängers. „Von der Heidi, da lässt der seine Wurstfinger."

Und dann fuhr er nicht den Weg zurück, den er gekommen war – nämlich durchs Mahntal hindurch und über den steilen Feldweg hoch –, sondern begab sich direkt zur Autobahn. Dort gab er kräftig Gas, obwohl auf dem Anhänger „20 km/h" stand. Die Biomilch, die er vergessen hatte, in der Kommune am Lüßbach abzuliefern, schwappte in zwei großen Kannen im Fond. Aus dem Radio erklang Tom Jones' *She's a Lady.*

Der Käfer machte 120 Sachen – und bei Erreichen der Höchstgeschwindigkeit schauten die Kälbchen verstört über die oberste Planke des Anhängers hinaus. Kurt war ein guter Biobauer, aber die Art, wie er an jenem Septembermorgen nach München bretterte, vertrug sich kaum mit den tierfreundlichen Statuten seines Vereins. Er schäumte.

Der Matthias und seine Gier. Nie bekam er den Hals voll. Aus den Regalen des Kaufladens, den der Opa ihnen gebaut hatte, hatte er über Nacht alle Guttis herausgenascht. Überhaupt fraß er so viele Knödel (Schnitzel, Brezn, Plätzchen), dass Kurt als Bub stets Mühe hatte, satt zu werden. Immer musste der Hias der Größte sein und das Beste haben. Die Traudl war ihm nicht genug, noch dazu stieg er des Nachts in Christas Kammer. Und jetzt auch noch die Heidi? „Nix gibt's!"

Kurt parkte den Käfer gleich bei der Landwirtschaftsausstellung am Rande der Theresienwiese und bat seinen Spezl Rudi, der dort schottische Hochlandschafe ausstellte, sich der schockstarren Kälber anzunehmen. Mit Riesenschritten eilte er in Richtung Armbrustschützenzelt, wo die Stimmung kochte. Der Mädchenchor hatte sich schon mit der Burschenschaft vermischt. Kurt fackelte nicht lange. Er riss seinen Bruder, der mit stierem Blick an Heidemariens Dirndlbluse herumnestelte, rücklings von der Bierbank herunter und gab ihm ein paar aufs Maul. Von der sich daraus entwickelnden Massenschlägerei sollte man von Farchach bis Percha noch Jahre später sprechen.

Die Kälber tauften Heidi und Kurt nach ihrer Verlobung „Rudolf" und „Steiner". Diese wuchsen zu kräftigen Zuchtbullen heran und zeugten zusammen 37 Nachkommen. Mit ihnen legten die Grubers den Grundstock für den später überaus erfolgreichen Demeter-Hof mit Ladengeschäft. Kurt sollte nämlich einer der Vorreiter des biologisch-dynamischen Landbaus in Bayern werden.

ES GIBT NUR EIN BERLIN

Ein Gassenhauer von Claire Waldoff (1932)

Einstmals zwischen Moor und Torf
Stand ein altes Fischerdorf
Klein aber kess
Stets voll Noblesse
Allbeliebt war's weit und breit
Wegen der Bescheidenheit
Das war Berlin
Zauberstadt Berlin

Wir brauchen gar nichts vorzugaukeln
Von dem berühmten Wiener Charme
Wir werd'n dit Kind, dit Kind schon schaukeln
Wir nehm' euch alle auf den Arm

Es gibt nur ein Berlin
Und das ist mein Berlin
Hält uns auch keiner für normal
Das ist uns alles janz ejal
Solang' die Welt sich dreht
Solang' die Zeit vergeht
Solang' die Bäume im Frühling erblüh'n
Gibt es nur ein Berlin

Von der Isar bis zum Rhein
Gibt es hundertzwölf Partei'n
Täglich, juhu
Kommt eine dazu
Keiner weiß mehr, was er ist
Nazi oder Kommunist
Das ist Berlin
Zauberstadt Berlin

Doch wenn verzweifelt uns're Lage
Weil der Parteienstreit nicht ruht
Dann hält Berlin, Berlin die Waage
Und bringt uns alle untern Hut

Es gibt nur ein Berlin (...)

Claire Waldoff (1884 bis 1957) war eine deutsche Chanson-, Kabarett- und Volkssängerin, die in den 1920ern zum Star wurde und deren Repertoire über 300 Stücke umfasste. Ihre Schlager und Chansons sang sie kess auf Berlinerisch; zu ihren großen Hits gehörten *Wer schmeißt denn da mit Lehm?* oder *Hermann heeßt* er.

VOUS
SECTEUR
gibt nur EIN

Ich hab noch einen Käfer in Berlin

Ich sitze vor dem Fernseher und fasse kaum, was ich sehe. Wie die Menschen den Grenzübergang Bornholmer Straße ungehindert passieren. Wie sie singen, tanzen, Arm in Arm auf der Mauer stehen. Wie sie die Mauer in Stücke kloppen. Die glücklichen Gesichter, die gleichzeitig lachen und weinen. Die Schlangen von Trabbis mit westwärts gerichteten Schnauzen. Ich rauche die ganze Nacht wie ein Schlot und weine wie ein Kind. Doch meine Freude ist getrübt von bitteren Erinnerungen. Betrogen haben sie mich, uns, alle. Die alte Geschichte steigt zwangsläufig in mir hoch.

„Na, Mädchen, jefällt's dir denn jar nich in der jroßen Stadt?" Vati sah von der Registrierkasse hoch und legte den Kopf schräg. Er war nicht ganz bei der Sache, denn das Zählen der Tageseinnahmen erforderte seine Konzentration. Meine Verlobte zuckte mit den Achseln. Mutti, die neben der Ladentheke stand, tätschelte ihr den Kopf. „Wirst dir schon noch einjewöhnen." Magda schlug die Augen nieder. In der Hand hielt sie den Brief ihrer Mutter, die ihr heute geschrieben hatte, wie krank sie war. Die Tränen rannen ihr über die Wangen, schluchzend stieß sie hervor: „Ich mö-höchte nach Ha-hause."

Für mich brach damit eine Welt zusammen. Aber ich konnte sie ja schlecht zwingen, hierzubleiben. Dabei hatte ich mir alles so schön vorgestellt: ein gemeinsames Leben bei mir und meiner Familie. Meine Eltern hatten einen Gemischtwarenladen in der Eberswalder Straße, im Ostsektor der Stadt. Auch wenn es momentan einen Lebensmittelengpass gab: Das Geschäft würde uns alle irgendwie durchbringen. Die Politiker würden wieder zur Vernunft kommen, die Besatzungsmächte abziehen und die Stadtgrenzen sich auflösen. Das, was sie jetzt hochtrabend die „Hauptstadt der DDR" nannten,

„Soweit ick weeß, machen die alle freiwillig rüber."

würde wieder das stinknormale Berlin sein. Magda und ich würden unsere Kinder in einer friedlichen, sektorenfreien Stadt aufwachsen sehen und uns eine eigene kleine Wohnung mieten …

Doch sie war verrückt vor Heimweh. Und jetzt auch noch vor Sorge um ihre Mutter. Magda befürchtete, dass ihre Eltern ohne sie auf dem heimatlichen Hof nicht zurechtkämen. Wenn ich ehrlich war, wusste ich seit ein paar Tagen, dass es keinen Wert hatte, weiter abzuwarten. Die durchweinten Nächte in meinem alten Kinderzimmer sprachen nicht für eine baldige Eingewöhnung. Sie behauptete, nicht für die Großstadt geschaffen zu sein. Und auch wenn es mir das Herz zuschnürte, verstand ich: Ich würde sie zurück in die Lüneburger Heide bringen müssen. Ein Leben ohne sie? Das vermochte ich mir nicht vorzustellen. Aber mit ihr dortzubleiben war ebenso unmöglich, denn auch meine Eltern brauchten Unterstützung. Ich konnte sie hier nicht im Stich lassen.

„Willste denn janz alleene zurückkommen?", fragte Mutti besorgt, als wir drei abends in der Stube zusammensaßen; Magda war bereits zu Bett gegangen. Sie und Vati gönnten uns von Herzen das Glück, auf das wir so lange hatten warten müssen. Statt eine Antwort zu geben, blickte ich auf den Fernseher, wo die Wochenschau *Der Augenzeuge* lief. In diesem Sommer wurde der Ton in den Berichten zunehmend schärfer. Schenkte man den Worten des Sprechers Glauben, lebten in den westlichen Sektoren nur verkommene Subjekte. Von dort aus wollte man die DDR ausbluten lassen, indem man unsere Facharbeiter und Wissenschaftler mit hohen Summen abwarb. „Soweit ick weeß, machen die alle freiwillig rüber", warf Vati ein. Ich ergänzte: „Allein in diesem Monat müssen es Tausende gewesen sein, wenn nicht Zehntausende", und dachte dabei an die Freunde und Bekannten, die in die BRD abgewandert waren. „Die paar Ostkröten sind ja och zu wenig zum Leben und zu viel zum Krepiern." Vati war außer sich über die schöne neue sozialistische Welt. Jetzt sah man Walter Ulbricht von der Einheitspartei eine Rede halten. Uns stünde ein Angriff durch westdeutsche Truppen unmittelbar bevor. Als die Begriffe „militärische Gewalt" und „bewaffneter Überfall" fielen, starrte auch meine Mutter auf den Bildschirm. In ihren Augen sah ich, dass sie der Ideologien überdrüssig war. Und dass sie keinen weiteren Krieg überstehen würde. Vati sagte ernst: „Ick globe, wenn de dein Mädel wegbringen willst, musste dit bald machen." Ich stand auf. „Wirst schon dit Richtje tun, Junge." Mutti legte ihren Kopf an meine Schulter, und ich klopfte ihr auf den Rücken.

Genau das bezweifelte ich, als ich nachts ein paar Hemden, Hosen, Pullover und den Fotoapparat meines Großvaters in meinen schäbigen Koffer packte. In unserer Lage gab es *das Richtige* einfach nicht. Ich trug das Gepäck leise am Schlafzimmer meiner Eltern vorbei, die Treppen hinunter und verstaute es im Kofferraum meines Volkswagens. Auch den hatte ich von Opi geerbt. Es handelte sich um einen im dunklen Olivgrün der britischen Streitkräfte lackierten Käfer, Baujahr 1947. Sogar die Radkappen waren olivfarben. Großvater hatte mit ihm noch große Reisepläne gehabt, starb aber nach den ersten zwei Ausflügen in den Süden an seinem Kriegsleiden. Als ich zurück in unsere Kammer kam, saß Magda aufrecht im Bett und sah mich fragend an. Sie solle ihre Sachen zusammensuchen, sagte ich knapp, am kommenden Morgen brächte ich sie zu ihren Eltern zurück. Alles Weitere würde man dann sehen.

Kennengelernt hatten wir uns 1940, als die Luftangriffe auf Berlin schlimmer und die Kinder aufs Land verschickt wurden. Ich war 14, und unser KLV-Lager lag unweit des Dorfs, in dem Magda mit ihren Eltern lebte. Es war Liebe auf den ersten Blick. Am liebsten hätten wir sofort geheiratet, doch diesen Plan vereitelte Hitler gründlich. Ich wurde eingezogen, kämpfte an der Ostfront, geriet in Kriegsgefangenschaft, wurde nach Russland gebracht und dann nach England. Ich kam erst 1948 zurück. Als ich in die Lüneburger Heide fuhr, um mein Mädchen zu suchen, hieß es, sie sei verlobt und in eines der Rundlingsdörfer gezogen. In Berlin baute ich mit meinen Eltern den Laden wieder auf, führte ein recht geselliges Leben und hatte Freundinnen. Im September 1960 machte ich mit meinem Käfer einen genehmigten Ausflug in den Westen. Der Wagen steuerte das Ziel quasi automatisch an. Er fuhr mich durch die blühende Heide, und als er auf den Hof bog, sah ich sie mit einer Ziege auf der Wiese stehen. Diese unselige Verlobung von damals, sagte sie, habe sie schon nach wenigen Wochen aufgelöst.

Mutti und Vati schliefen noch, als wir losfuhren. Ich dachte: „Recht spät für ihre Verhältnisse", weckte sie aber nicht, vor allem, weil ich ihnen und Magda eine traurige Abschiedsszene ersparen wollte. Auf dem Küchentisch hinterließ ich einen Zettel mit den Worten: *Fahre Magda nach Hause, bin Morgen wieder zurück.* Ich sollte noch viele Jahre bereuen, ihnen nicht richtig Lebewohl gesagt zu haben.

Ich steuerte auf den Alexanderplatz zu, bog aber vorher rechts in die Torstraße ein. Wir waren im Besitz gültiger Pässe, hatten aber keine Ausreisegenehmigung. Wenn man das streng auslegte, war es versuchte *Republikflucht.* Ich hatte mir eine Erklärung für den Grenzbeamten zurechtgelegt – die schwere Erkrankung von Magdas

Mutter, die einen unverzüglichen, überstürzten Besuch erforderlich machte. Auch wenn wir deren Brief als Beweisstück vorweisen konnten, hatte ich doch kaum Hoffnung, dass wir damit durchkämen. Und so schickte ich ein Stoßgebet nach oben: Der liebe Gott möge uns einen gutherzigen Grenzer bescheren. Es *musste* einen geben.

Mein Herz setzte für ein paar Schläge aus, als ich meinen Irrtum bemerkte. Mein ursprünglicher Plan war gewesen, dass wir uns am Übergang Friedrichstraße in den Strom der Grenzgänger einreihten, die allmorgendlich in den Westsektor zur Arbeit fuhren oder gingen. So wären wir am wenigsten aufgefallen und unsere Chancen zur Ausreise deutlich höher. Aber angesichts der geschlossenen Geschäfte und leeren Trottoirs fiel es mir jetzt wie Schuppen von den Augen: Heute war Sonntag! Ich hatte mich vom Kummer meiner geliebten Magda so unter Druck setzen lassen, dass mir diese Kleinigkeit entfallen war. Ohne den üblichen Pendlerstrom würden wir uns den Grenzbeamten geradezu auf dem Silbertablett präsentieren.

Ich setzte schon den Winker und wollte den Käfer wenden, aber irgendetwas hielt mich davon ab. Ich hatte das Gefühl, dass hier etwas ganz und gar nicht stimmte. Und richtig: Wir kamen noch nicht einmal bis zum Grenzübergang. Schon bevor wir in die Friedrichstraße einbogen, fiel uns das enorme Aufkommen der Volks- und Grenzpolizei ins Auge. Am Friedrichstadt-Palast wimmelte es von schwer bewaffneten Soldaten der Nationalen Volksarmee und ihren Fahrzeugen. Überall standen Baulaster herum, Kräne, sogar Panzer. Auf den Gehwegen und Fahrbahnen lagen tonnenweise Steine und Baumaterialen, sah man abgerollte Stacheldrähte. Da wir zu Hause kein Radio gehört hatten, und es im Käfer keines gab, hatten wir nicht mitbekommen, was hier gerade geschah: Der *antifaschistische Schutzwall* entlang der Staatsgrenze der DDR wurde errichtet. Es war der 13. August 1961, der Tag des Mauerbaus.

Je näher wir im Schritttempo an den Grenzübergang heranrollten, desto bedrohlicher fühlte sich die Lage an. Wir hatten eben die Spree überquert, als plötzlich Schüsse fielen. Magda und ich sahen uns entsetzt an. Sofort brach draußen das Chaos aus. Dutzende Menschen kamen panisch auf unser Fahrzeug zu gerannt. Einige

Vorher und nachher:
Am 22. November 1954 wurde die vom Krieg schwer beschädigte Kuppel des Berliner Reichstages wegen statischer Unsicherheit gesprengt – und erst 1999 wieder aufgebaut.

schrien, mehrere stürzten auf Straße und Gehweg. Bis heute weiß ich nicht, ob sie im Gedränge hinfielen oder bei ihrem Versuch, den Sektor zu verlassen, hinterrücks erschossen wurden. Es pfiff, und der Käfer sackte unvermittelt auf meiner Seite ab. Eine Kugel hatte den Vorderreifen getroffen! „Nichts wie raus hier!", rief ich Magda zu, die ihre Augen starr aufgerissen hatte und ihre Handtasche fest umklammert hielt. „Die Koffer bleiben hier!" Sie nickte. Wir ließen den Wagen stehen und uns mit dem Strom davontragen.

Zunächst rannten wir ziellos kreuz und quer durch die Mitte der Stadt, bis der Strom sich verzweigt hatte und wir nur noch Teil eines Nebenarms waren. Wir irrten mit einer Gruppe von vielleicht acht, neun Flüchtenden durch die Straßen. Es war unweit des Gendarmenmarkts – wir liefen jetzt in Richtung Süden –, als einer der Männer mir auf meine Frage hin zurief: „Zur Wiener Brücke, da ist hoffentlich noch keine Mauer! Ich heiße übrigens Dieter." Er streckte mir im Laufen die Hand hin. „Hugo und Magdalena." „Kommt mit, wenn ihr hier raus wollt!" Das wollten wir. Ich wusste, dass die Wehrmacht die ursprünglich schöne, große Brücke unten in Treptow in der Endphase des Kriegs gesprengt hatte – um den Russen den Weg abzuschneiden. Vor ein paar Jahren war dort, über den Landwehrkanal, eine schmale Fußgängerbrücke gebaut worden, die zum Westen hin führte.

Wir blieben mit der Gruppe zusammen, fuhren ein Stück mit der Straßenbahn, liefen weiter, nahmen noch eine Straßenbahn und kamen damit zum Görlitzer Bahnhof. Wir gingen keuchend, uns die stechenden Seiten haltend, am Park entlang. Magda hatte ihre Schuhe in der Hand und ging mit zerrissenen Strümpfen und blutendem Zeh tapfer weiter.

Wir betraten die Wiener Brücke Hand in Hand. Mit erhobenem Haupt und festem Blick schritten wir über die Holzplanken hinweg – direkt auf den Kontrollposten zu. Jetzt hieß es: alles oder nichts. Ich ging weniger aus der bewussten Entscheidung heraus, meiner Heimatstadt den Rücken kehren zu wollen, als vielmehr getragen vom blanken Entsetzen, dass die Partei auf ihre Arbeiter und Bauern schoss, um sie in ihrem erzwungenen System zu halten. „Kommt,

B-IM 64

kommt", rief der Grenzer und bedeutete uns heftig winkend, schneller zu gehen. Als wir an ihm vorbeiliefen, raunte er uns zu: „Rette sich, wer kann. Ich komm och gleich hinterher." Da war er, der mit dem guten Herzen. Mein Gebet war erhört worden.

Dieter und ich hielten es für geraten, zu warten, bis sich die Wogen etwas geglättet hatten. Und so blieben wir einige Nächte bei Freunden von ihm in Kreuzberg, wo wir die Lage der Nationen im Westfernsehen verfolgten. Dann meldeten wir uns auf einer Polizeistation, wo man uns gewissermaßen Asyl gewährte. Das Stück Deutschland, das die Insel Berlin umgab, durchquerten wir unter Geleitschutz – und zwar in einem Polizei-Käfer. Es kämpften widerstreitende Gefühle in mir, als wir mit der bundesrepublikanischen Streife erneut durch DDR-Gebiet fahren mussten. So froh ich war, all das hinter mir zu lassen, so sicher war ich, fürchterliches Heimweh zu bekommen. Als wir in den Kreis Lüchow-Dannenberg hineinfuhren, weinte ich: um meine Leute, um meine Stadt, um mein Land, um meinen Käfer. Magda hielt die ganze Zeit meine Hand.

28 Jahre Mauer, Eiserner Vorgang, Betonköppe. Meine erste Einreiseerlaubnis bekam ich 18 Jahre nach unserer Flucht. Da war Mutti längst nicht mehr und Vati hinfällig. Die Ehe mit Magda währte nur wenige Jahre. Sie führte den kleinen Bauernhof, pflegte ihre Eltern und kümmerte sich um unseren kleinen Engel Marion. 1974 ließen wir uns in Lüchow neben einem VW Käfer mit Berliner Kennzeichen fotografieren. Wir hatten uns immer gefragt, was wohl mit unserem Volkswagen passiert war und wer ihn später gefahren haben mochte. Es ist das letzte Bild von Magda und mir. Sie verstarb wenig später an einem Krebsleiden.

SCHUSS UND GEGENSCHUSS

B-N

BELGRANO
HAMBURG
COLUMBUS
LINE

KAPITEL 2

AUTO-BIOGRAFIEN

„… mag das olle Brezelfenster sowieso lieber!“

OPA KNUTS GANZER STOLZ

Mit fünf war ich zum ersten Mal im Werk. An der Hand meines Großvaters trippelte ich an einem der Montagebänder entlang. Es war laut, es war Hochsommer, das Hemd klebte mir am Körper, und mein Magen knurrte. Um meine Brust baumelten, in einer Blechdose verborgen, die Stullen, die Oma Liese uns an diesem Morgen in ihrer kleinen Küche geschmiert hatte. Aber an Frühstück war jetzt nicht zu denken. Opa, der einen Blaumann trug, weil seine Schicht um zehn beginnen würde, deutete hierhin und dorthin, dann auf etwas weit hinten in der riesigen Werkshalle, was ich nicht sah. Dazu rief er mir Erklärungen zu, die ich nicht verstand. Nur ein paar Wortfetzen drangen durch den Lärm an mein Ohr: „… lackiert … poliert … verchromt."

Ohnehin starrte ich wie gebannt auf die mehrere Meter über uns dahingleitenden Karosserien. Dutzende hohler Käferleiber ohne Innenleben schwebten wie die Gondeln einer Seilbahn über unsere Köpfe hinweg. Wie viele waren das wohl, und wie waren die da hoch gekommen? Wie weit war ihr Weg zu dem Ort, an dem sie die Bäuche mit Motoren, Sitzen, Armaturenbrettern und Lenkrädern gefüllt bekamen? Und wo passierte das genau? Ich hatte so viele Fragen.

Von einer Sekunde auf die andere kamen die Förderbänder ruckelnd zum Stehen und Opa schrie in die plötzliche Stille hinein: „… mag das olle Brezelfenster sowieso lieber!"

Im nächsten Moment brachen Jubel und Applaus aus. Die Monteure ließen ihre Werkzeuge sinken und stimmten in ein schrilles Pfeifkonzert ein. Ich weiß noch, wie ich dachte: „Das mit dem Fenster muss ein guter Witz gewesen sein, und Opa Knut beliebt bei seinen Kollegen."

Doch keiner nahm Notiz von uns; der Freudentaumel galt wohl etwas anderem. Jetzt strömte alles aus der Halle. Großvater strahlte mich an. „Es is so weit! Komm, min Jung. Jetzt krisst du ma den großen Heinrich Nordhoff zu hörn." Er zog mich hinter sich her in eine angrenzende Halle, die bereits berstend voll mit Menschen war.

„Meine Arbeitskameraden, verehrte Gäste, soeben ist der einmillionste Käfer vom Band gelaufen …", rief von irgendwoher eine Männerstimme. Der Rest des Satzes ging unter, weil das Mikrofon quietschte und das Gejohle erneut aufbrandete. Opa bahnte sich, mich auf seinen Schultern tragend, einen Weg durch die Menschenmenge – bis nach vorne zum Rednerpult.

Es war der 5. August 1955. Der Tag, an dem ich mich mit dem Käfer-Virus ansteckte. Für gewöhnlich ein harmloses Leiden, aber eines, das ein Leben lang anhält. Durch die detailreichen Erzählungen Opa Knuts und meines Vaters war ich bereits empfänglich, aber an diesem Hochsommertag bohrte sich der virale Eindringling ohne Umschweife in mein Hirn, in mein Herz und übernahm dort gewissermaßen die Kontrolle. Was genau ich mir da einfing, ahnte ich damals allerdings noch nicht.

In jenen Monaten hatte zunächst ein anderes Thema dominiert: Ich war meist traurig, weil mir mein Vater fehlte. Über ein Jahr lang war er nun schon in diesem Mischi-Schippi oder wie das hieß. „Auch die Amis möchten Käfer fahren", hatte Mutti eines tränenreichen Abends gesagt, mir über den Kopf gestreichelt und versucht, mich damit zu trösten, dass Vati an Weihnachten zu Hause sein würde. „Echt?" Ich schaute hoch und sah, dass sie dunkle Schatten um die Augen hatte. „Echt", sagte meine Mutter und lächelte.

Plötzlich hegte ich einen schlimmen Verdacht: Mein Vater war gar nicht in Amerika! Er hatte uns verlassen – genau wie Rüdiger Rothers Papa seine Familie wegen dieser Wilhelmine verlassen hatte. Mir versuchte man weiszumachen, dass Vati die gesamte Ostküste nach irgendwelchen Autohändlern absuchte, die den Käfer verkaufen wollten. Dabei hatte er bestimmt auch so eine schicke Wilhelmine gefunden und war mit ihr nach Hannover *durchgebrannt,* was immer das heißen mochte. So hatte es Rüdis Mama jedenfalls ausgedrückt.

Früher hieß es Nickerchen, heute Power-Napping. Wie man's auch nennt: Die kurze Auszeit erfrischt und macht wieder leistungsfähig. Das wussten auch diese Arbeiter.

Der Herr Generaldirektor hielt eine lange Rede – über die eine Million Volkswagen, die nun produziert worden waren und von Wolfsburg überall in die Welt hinaus geschickt wurden. Dabei deutete er immer wieder auf den blumengeschmückten, goldenen Käfer, der mit ihm auf dem Podest stand. Über ihnen hing in riesigen Lettern ein Schriftzug: *1 Million.*

Nordhoff sagte, dass der große Erfolg auch auf dem Fleiße der Belegschaft fußte und so weiter und so fort. Auf den Schultern meines Großvaters thronend, mümmelte ich mein Käsebrot und sah über Hunderte von Männern hinweg. Viele hatten sich mächtig in

Käfer klein fuhr nicht ganz allein in die weite Welt hinein. 1972 knackte er die Rekordmarke der Tin Lizzy und wurde zum damals meistverkauften Auto der Welt.

Schale geworfen. Fotografen reckten ihre Kameras in die Höhe, es klickte und blitzte. Rechts und links vom Rednerpult trug man dunkle Anzüge, lächelte und nickte viel. Zwei hübsche Frauen begannen, Sektgläser zu verteilen. Die Blaumänner blieben eher im Hintergrund.

„Die Halle, in der wir grade stehn, Karsten, die war 45 total platt", flüsterte Opa zu mir hoch. „Wie, platt?" „Bomben. Die Alliierten ham einiges in der Fabrik kaputtgemacht." „Wer?" „Die Amerikaner und so." „Echt?" „Echt", sagte Opa und nickte nachdenklich. Ich begann, mir Sorgen um Vatis Sicherheit bei diesen Leuten da drüben zu machen. „Aber danach ham se auch alles wieder heile gemacht", beruhigte mich Opa. „Die Amis?" „Mehr die Engländer. Sonst würden die da oben wohl heute keinen Kessler Sekt trinken." Ich wollte nachhaken, als ich einen mir vertrauten Namen hörte. Und zwar durchs Mikrofon, in das der Herr Direktor sprach.

„... auch Hans-Jürgen Berg, der sich bereits um den Außendienst Nord-West verdient gemacht hat, wird dem Führungsstab angehören. Heben wir also die Gläser, meine Herren, auf unsere neue Tochter *Volkswagen of America!*"

Hans-Jürgen Berg, das war Vati! Alles klatschte, ich verschluckte mich an einem Brotkrümel und hustete. Opa Knut grinste, als ob er das alles längst wüsste.

Und jetzt stehe ich hier, in Puebla, einem Ort, der nicht weit von Mexico City entfernt liegt. Es ist der 30. Juli 2003, und in der Halle ist es sehr leise. Ein schwüler Tag, mein Anzughemd klebt mir schweißnass unterm Sakko am Körper. Ich bin jetzt fast so alt wie Opa Knut damals und muss an sein spitzbübisches Grinsen denken. Es gibt ihn schon lange nicht mehr. Die Mondlandung hat er nicht mehr erlebt, wohl aber die Einführung der Käfer 1500 Limousine. Da war er bereits in Rente.

„Gut, dass ich keine Scheibenbremsen mehr montieren muss", hatte er bei unserem letzten Telefonat gesagt, das wie immer kurz, weil teuer war.

Ich stehe auf dem Podium, links vom Redner, und erhebe mein Glas. In meiner Funktion als Cheflogistiker der Volkswagen AG habe ich heute offizielle Pflichten wahrzunehmen – sonst würde ich mir das hier gar nicht antun.

„Soeben, señores y señoras", ertönt es vom Rednerpult „ist, mit der Nummer 21.529.464, der letzte Escarabajo vom Band gelaufen." Ich bin nicht der Einzige, der hier plötzlich Staub in die Augen bekommt.

Ich hatte also vom VW-Generaldirektor persönlich erfahren, dass mein Vater doch in Amerika war. Mir fiel vor Erleichterung ein Blechhaufen vom Herzen. Doch schon im nächsten Moment machte sich eine schreckliche Ahnung breit: Als führender Stab war er vermutlich unentbehrlich und musste für immer in Mischi-Schippi bleiben! Das Wechselbad der Gefühle hielt bis zum Winter an. Es stellte sich nämlich heraus, dass Mutti und ich noch vor Weihnachten nach Amerika ziehen würden. Vati hatte dort einen Bungalow mit Swimmingpool für uns gekauft. Die Vorfreude war namenlos. Aber auch das Entsetzen: Was sollte ich bei den Leuten mit den Bomben bloß ohne Opa Knut machen?

Als ich älter wurde, verstand ich, dass Großvater mich am Millionentag nicht nur mit ins Werk mitgenommen hatte, um mir seine Käfer-Welt zu zeigen – einen eigenen Kosmos, in dem er nach den kaputten Kriegsjahren ein wenig heile Welt wiedergefunden hatte. Vielmehr wollte er seinen geknickten Enkel aufmuntern. Er selbst war nie *glücklich* oder *happy,* er war froh. Er *liebte* nicht, er mochte gut leiden. Der Gedanke an seine Bescheidenheit rührt mich noch heute. Seinen ersten Käfer, die Typ 1 Limousine von 1948, fuhr er bis zu seinem Tod. Die ehrliche Arbeit am Band gab seinem Leben – abgesehen von der materiellen Sicherheit – einen Sinn. Wahrscheinlich war es das, was seine Generation am Nötigsten hatte. Bestimmt wollte er mir damals auch zeigen, dass einen so ein bisschen Sehnsucht nicht gleich umhaute. Oma Liese hatte mir verraten, dass es ihn stolz machte, seinen Sohn im Namen der großen Sache unterwegs zu wissen. Und es war gewiss kein leichtes Unterfangen, den Käfer auch in den Staaten zum Volkswagen zu machen.

Vom Bandarbeiter bis zum Herrn Generaldirektor: Dieses Auto fuhren alle. Man kann sagen, dass der Käfer Klassenunterschiede aufhob.

Großvater hat es sicher nie bereut. Aber mich in diese heiligen Hallen gebracht zu haben, hat ihm eine Menge eingebrockt. Von da an musste er mir viele Fragen rund um Ausstattung, Fördertechnik und Fertigungsprozesse von VW Käfern beantworten. Ich denke, er tat nichts lieber als das: Opa Knut war ein wandelndes Volkswagenlexikon. Unsere Fachsimpelei fehlt mir noch heute.

Heinrich Nordhoff schien seine Ansprache beendet zu haben und sah aus, als warte er auf etwas. Während er immer wieder zurück über seine Schulter blickte, zum großen Werkstor hin, wurde es in der Halle still. Alle Augen folgten seinem Blick. Eine gefühlte Ewigkeit später wurde das Tor von außen aufgeschoben, aber nur einen Spalt breit. Ein Mann im Anzug quetschte sich hindurch, eilte zum Rednerpult – wobei er nervös zu Boden blickte, weil sich Hunderte Hälse nach ihm reckten – und flüsterte Nordhoff etwas ins Ohr.

Der darauf: „Es scheint, als verzögere sich die Ankunft unseres Ehrengastes noch ein wenig, sodass ich einen Programmpunkt vorziehen möchte: die Ehrung der Jubilare."

Großvater zog die Augenbrauen hoch und hob mich von seinen Schultern. „Och nee, jetzt muss ich auch noch auf die Bühne." „Was'n für'n Gast?", wollte ich wissen. „Weiß ich auch nich."

Dann wurden Namen verlesen, und Männer nahmen für ihre fünfjährige Betriebszugehörigkeit einen Händedruck und einen weißen Umschlag entgegen. Opa Knut gehörte zu den Zehnjährigen. Als einer der ersten Monteure, die noch unter britischer Besatzung angefangen hatten, war er quasi ein Mann der ersten Produktionsstunde. Erst ein paar Wochen zuvor hatte man ihn aus der Kriegsgefangenschaft entlassen.

Er ließ meine Hand nicht los, als wir zum Pult gingen, und wir bekamen großen Applaus. Gerade, als mein Großvater die Hand ausstreckte, um das Kuvert mit einer Million Mark entgegenzunehmen – so stellte ich es mir zumindest vor –, öffnete sich das Werkstor erneut. Diesmal wurde es ganz aufgeschoben, und ein Tross wichtig aussehender Männer in schwarzen Anzügen kam hereingeschritten. Man hörte ihn, bevor man ihn sah: Das typische Rüsseln kündigte ihn schon von weitem an. Es wurde immer lauter, und schließlich fuhr er in die Halle hinein. Er war nagelneu, himmelblauglänzend poliert und der erste seiner Art: ein Typ 15 Cabriolet. Ich war zum ersten Mal in meinem Leben verliebt.

Irgendwann fiel mir auf, dass sich alles auf den am wichtigsten aussehenden Mann konzentrierte: Er saß auf dem Beifahrersitz und hob die Hand grüßend aus dem offenen Faltverdeck hinaus. „Wer is'n das?", zischte ich in Opa Knuts Richtung. Anscheinend nicht so leise, wie ich beabsichtigt hatte. „Lieber Junge, meine Herren", rief daraufhin Heinrich Nordhoff ins Mikro, „heißen wir den Bundeskanzler der Bundesrepublik Deutschland zu diesem freudigen Anlass willkommen: Konrad Adenauer!" „Echt?", fragte ich. „Echt", sagte der Generaldirektor und zwinkerte mir zu.

Die Blaumänner johlten.

Selbst Bundeskanzler fuhren Käfer. Wo und wann Konrad Adenauer in diesem Cabrio saß? Könnte durchaus 1955 gewesen sein …

Mal was anderes als laufen und laufen und laufen: herumschippern. Die norddeutsche Kultkarre wurde zum Exportschlager – und millionenfach um den Globus geschickt.

AUF GROSSER FAHRT

Von Holland nach New York,
von Hamburg nach Timbuktu.

KB069-152

DEUTSCHE W
33-4897

BEETLEMANIA – EIN WELTWEITES PHÄNOMEN

Schlicht „Typ 1“ nannte Volkswagen das Fahrzeug, das sich als Exportschlager entpuppen sollte. Damals, in den 1940ern, ahnten die Autobauer in Norddeutschland noch nicht, dass sich das sympathische Auto rund um den Globus in Millionen von Herzen tuckern würde. Auch dessen Spitzname, „Käfer“, verbreitete sich wie ein Lauffeuer. Allerdings dauerte es fast 30 Jahre, bis ihn der Hersteller selbst in seiner Reklame verwendete. Welche Kosenamen gab der internationale Volksmund dem berühmten Volkswagen?

Es war die New York Times, die ihn zuerst mit einem Krabbeltierchen verglich *(Shining Little Beetle)*. Seither heißt der Käfer auf Englisch *Beetle*, später auch *Love Bug* – nach der gleichnamigen Disney-Filmkomödie von 1968. In der Hauptrolle: *Herbie*, die eigenwillige Rennsemmel mit der Startnummer 53. Im spanischen Sprachraum nennt man den Käfer *Escarabajo*, im portugiesischen *Fusca*. Auf Französisch sagt man *Coccinelle*, Marienkäfer, auf Italienisch *Maggiolino*, Maikäfer. Die Türken tauften ihn *Kaplumbaga*, Schildkröte, die Schweden *Bubbla*, Blase. Die Ungarn sagen zum Käfer *Bogár*, auf Serbokroatisch heißt er *Buba* und auf Niederländisch *Kever*. Die Polen bezeichnen ihn als Buckligen, *Garbus*, und in der Dominikanischen Republik ist er ein Pinsel: *Cepillo*. Im deutschsprachigen Raum kursierten auch Spitznamen wie *Buckelporsche* oder *Kugelporsche*. Ab den 1970ern kannte und liebte man ihn als *Dudu*. Eine deutsche Filmreihe hatte ihn zum High-Tech-Tausendsassa gemacht, der sogar fliegen konnte.

EDW. ROHDE

Fährt nicht gab's nicht. Der reparaturfreundliche Typ 1 animierte Generationen von Männern zum Werkeln. Für alle mit zwei linken Händen gab's genügend VW-Werkstätten.

VON SCHRAUBERN UND ANDEREN HELDEN

Mit Polstern fahren konnte ja jeder. Auf Hockerbeinen übers Kopfsteinpflaster machte es noch mehr Spaß. Schönen Gruß von den Bandscheiben ...

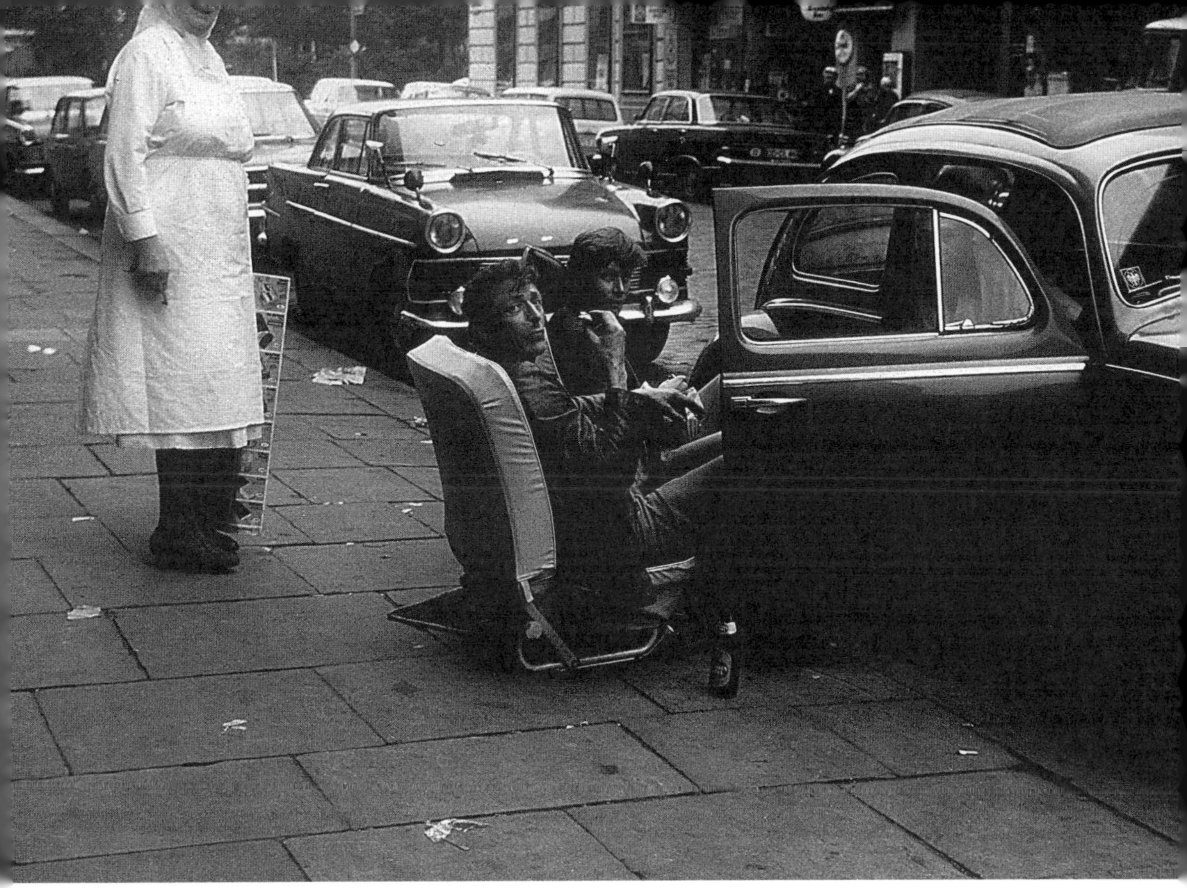

Auf des Sammlers Begehrtheitsskala steht es heute ganz oben: das Käfer Cabriolet. Wer so glücklich ist, eines zu ergattern, meidet besser die Waschstraße.

Ein kurzer Blick ins Käferhandbuch genügt: Der Motor befindet sich hinten.

VOLKSWAGEN

Was man sonst noch fuhr

Jeder Popel fährt ´nen Opel, jeder Schrat ´nen Passat, jeder Rowdy einen Audi? Solche Fahrer-Typologien sind zwar erheiternder, aber wissenschaftlich nicht fundierter Quatsch. Schließlich können auch BMW-Fahrer Rowdys sein. Was den Käfer anbelangt, lässt sich wohl eines behaupten: Zu einer Zeit, in der ihn alle Welt fuhr, saßen vermutlich auch sämtliche „Untypen" hinter seinem Steuer – von A wie Armleuchter bis S wie Sonntagsfahrer. Auch solche, die ihren Führerschein auf dem Jahrmarkt geschossen hatten.

30 Jahre lang war der Käfer das meistverkaufte Auto überhaupt und deshalb gewissermaßen der Platzhirsch auf allen Straßen. Doch was fuhr an Nennenswertem vor ihm, neben ihm und nach ihm durch die Weltgeschichte? Denn dass die Leute im letzten Jahrhundert gelegentlich auch mal ein anderes Auto kultig fanden, zeigt diese kleine Auto-Historie. Sie ist unvollständig und konzentriert sich auf Vehikel, die nicht zuletzt wegen ihrer Spitznamen in die Geschichte eingingen. Wie man sieht, war der Käfer nicht der einzige Vierreifer, dem man einen Tiernamen verpasst hat.

Weil der Wunsch nach Mobilität Anfang des 20. Jahrhunderts stark, die (handgefertigten) Automobile für die meisten Menschen aber unerschwinglich luxuriös waren, hatte Henry Ford eine zündende Idee: Er rationalisierte die einzelnen Fertigungsschritte und senkte damit die Produktionskosten. Und so war sein Model T das erste Auto überhaupt, das massentauglich vom Fließband rumpelte. Die **Tin Lizzy**, englisch für *Blechliesel*, stammte aus Detroit und wurde zur Legende. In den 1920ern und 1930ern schepperte der Blech gewordene Traum von der motorisierten Freiheit millionenfach über die Straßen dieser Welt. Die Tin Lizzy war bedien- und reparaturfreundlich, neben Benzin soff sie auch Ethanol. Es sollte

„Der Käfer war der Platzhirsch auf allen Straßen."

noch ein Weilchen dauern, bis der Käfer richtig krabbeln lernte. Als er in den 1950ern in Scharen ausschwärmte, wurden die amerikanischen Blechbüchsen im Straßenbild immer seltener. Der ebenfalls industriell gefertigte Volkswagen Typ 1 brach 1972 schließlich den 15-Millionen-Stück-Rekord der Tin Lizzy und lief der alten Dame den Rang als das bisher am meisten verbreitete Auto der Welt ab.

Die Italiener schickten ein weiteres Tierchen ins Auto-Rennen, das **Mäuschen** nämlich. Der Fiat 500 Topolino hieß so, weil seine Schnauze an Walt Disneys Mickey Mouse erinnerte, die seinerzeit schwer angesagt war. Er wurde 1936 aus der Taufe gehoben, hielt sich aber bei weitem nicht so lange wie der Comic-Mäuserich. Und auch nicht so lange wie der Käfer. Der Topolino machte den Cinquecento zum Kult; er wird bis heute produziert und heißgeliebt.

Bleiben wir im Tierreich. Ähnlich wie der Käfer war auch der Citroën 2CV – ausgesprochen „Döschwo" – einmal jedem Kind bekannt. Doch was hat bloß den Designer geritten? Als **Ente** setzte der 2CV Ende der 1940er von Paris aus zu einem beispiellosen Höhenflug an. „Hässlich“, sagten die einen, „pas du tout“, überhaupt nicht, die anderen. „Egal“, fand man bei Citroën – schließlich hatte man einen internationalen Kassenschlager gelandet. Besonders junge Leute liebten und fuhren dieses unkomplizierte, unkonventionelle und unumkippbare Gefährt bis in die 1990er Jahre hinein. Als die Ente – auch aus Umweltgründen – nicht mehr à la mode war, begann ihr Tiefflug. Im 21. Jahrhundert sieht man nicht mehr allzu viele Exemplare herumflattern.

Vom hässlichen Entlein zum schönen Schwan: Mit der Citroën DS brachten die Franzosen 1955 eine **Göttin** auf die Straße. Ihren himmlischen Beinamen erhielt die Limousine, weil DS auf Französisch wie déesse ausgesprochen wird, und das heißt Göttin. Noch ein weiteres französisches Fabrikat bereitete vielen Pläsier: der Renault 4CV. Wegen seiner ursprünglichen Farbe, einem gelblichen Beige, war der niedliche Viertürer auch als **Cremeschnittchen** bekannt.

Auch wenn der VW Käfer im Volksmund vielfach als solche bezeichnet wurde, die eigentliche **Knutschkugel** war die BMW Isetta. Sie war irgendwo zwischen Motorrad, Kühlschrank und Auto angesiedelt. Das eiförmige Ding mit der Schranktür vorne mobilisierte in den 1950ern so manchen und bereitete allen Spaß – schon allein beim Hingucken. Zuverlässigen Quellen zufolge wurde in diesem sympathischen Motocoupé für Zwei über neuneinhalb Millionen Mal geknutscht.

In den Wirtschaftswunderzeiten gesellten sich weitere Auto-Persönlichkeiten in den zunehmenden Verkehr, die den Leuten kreative Kosenamen entlockten: zum Beispiel der BMW 501, **Barockengel** genannt, oder der Opel Olympia Rekord, **Haifischmaul** oder **Bauern-Buick** genannt. Es mischten sich **Weltkugeln** und **Badewannen** darunter (verschiedene Ford Taunus-Modelle), und mit dem Mercedes SL (W113) glitt eine asiatisch-elegante Pagode durch die Landschaft. Zudem brachte Mercedes-Benz den W110

mit Heckflosse heraus, einen soliden Straßenkreuzer, den man denn auch so nannte – oder schlicht **Flosse** – sowie den Mercedes 300 **Adenauer**. Ein weiterer Meilenstein der Autobaukunst: das Opel Rekord P2 Coupé, auch als **Rasender Kofferraum** bekannt.

Allmählich drängten also männlich-markante Modelle in den Automarkt. Den Käfer, mit seinen weiblichen Formen, hatte man aber nach wie vor lieb – vielleicht gerade wegen seiner knubbligen Rundungen. Er war eben eine ebenso sympathische wie zuverlässige Familienkutsche und ein romantischer Begleiter durch die Nachkriegsjahre.

Ab den 1960ern fuhr man verstärkt Ford Capri, Ford Escort, Toyota Corolla, Opel Astra oder Opel Kadett. In der nächsten Dekade kamen etliche Millionen Fahrzeuge der Fabrikate Honda oder der VW Passat hinzu, ohne dass die Besitzer allzu viele zärtliche Begrifflichkeiten für sie hervorbrachten. Warum nur? Höchstens der BMW inspirierte – allerdings eher die anderen Straßenteilnehmer. Und dann meist zu gehässigen Wortspielen: Baby mit Wackelkontakt, Busen müssen wackeln, bayerischer Mistwagen, bei Mercedes weggeschmissen …

Wer Vokuhilas, Goldkettchen und Frisösen liebte, der kaufte sich die Fuchsschwanz-Legende Opel Manta. Wir erinnern uns: Das war der **Proletenporsche**, den man dufte tieferlegen und mit Spoilern aufmotzen konnte. Und über deren Fahrzeughalter man sich schlapp lachte. (Warum hat ein Manta-Fahrer immer einen Strohballen auf dem Beifahrersitz? Hauptsache blond.) Wer hingegen Geschmack, Stil und Klasse beweisen wollte, legte sich einen schwedischen **Schneewittchensarg** zu: das großzügig verglaste Kombi-Coupé Volvo P1800 ES.

In den Wirtschaftswunderzeiten gesellten sich weitere Autopersönlichkeiten in den zunehmenden Verkehr, die den Leuten kreative Kosenamen entlockten.

Jenseits des Eisernen Vorhangs wurde der weltberühmte Zweitakter Trabant ab den 1960ern mit ironischen Beinamen geradezu überschüttet. Dort schimpfte man seinen knatternden und stinkenden **Trabi** auch liebevoll **Gehhilfe**, **Fluchtkoffer** oder **Rennpappe**. Was beweist, dass den DDR-Bürgern trotz teils quälend langer, sozialistisch bedingter Wartezeiten nicht der Humor abhanden kam. Irgendwann würde er schon aus dem volkseigenen Betrieb geliefert werden, der **Mercedes Krenz**. Als die Mauer 1989 fiel, nahte auch das Produktions-Aus für die **Überdachte Zündkerze**.

In den bunten 1980ern, als sich über Geschmack noch trefflich streiten ließ (Stulpen, Schweißband, Schulterpolster), verbreitete sich das **Erdbeerkörbchen**. Der TÜV-geprüfte Überrollbügel des VW Golf Cabrio schützte zwar die asymmetrischen Popper-Haarschnitte seiner Insassen, wirkte aber irgendwie unsexy. „Henkel zum Wegwerfen", sagte man auch. Überhaupt, der Golf: dieses praktisch-kompakte Mittelklasseding von Volkswagen, bei dem sogar die Heizung funktionierte! Er startete Ende der 1970er volle Pulle durch und schubste 2002 seinen eigenen VW-Bruder vom Siegertreppchen. Heißt: Der Golf löste den Käfer als meistgebautes Auto der Welt ab. Da war unser **Buckelporsche** endgültig kein heißes Eisen mehr. Deshalb schließen wir die Chronologie an dieser Stelle auch beleidigt.

Die Sturmflut, die 1962 in Hamburg wütete, brachte eine Katastrophe über die Stadt und ihre Bewohner. Diese Bildstrecke zeigt die Rettung eines Käfers am Hafen.

NAH AM WASSER GEPARKT

WENN ER MAL NICHT LÄUFT

B-RH

Auch wenn des Käfers Schutzmantel nicht – wie bei seinem Namensgeber – aus Chitin besteht: Dieses Auto ist fast unverwüstlich. Wie eine Schabe.

Drei Männer und eine Handvoll Pferdestärken. Apropos: Der Käfer wiegt, je nach Ausstattung, etwa so viel wie ein ausgewachsenes Pferd.

INTENSIVSTATION

1. Mai 1959

Meine zerbeulte Freundin,

was habe ich dir nur angetan! „Kritischer Zustand", sagte der Polizist am Unfallort. Meine Sorge um dich ist unendlich. Schon beim Überschlag hatte ich gesehen, wie dein Winker abbrach. Das ist furchtbar, das ist schmerzhaft, aber das kriegen sie wieder hin. Dieter war dabei, als sie dich umdrehten, auf den Transporter schoben und wegbrachten. Mir zerriss es fast das Herz, als er mir vom Ausmaß deiner Blessuren berichtete. Deine reizende kleine Heckscheibe – zersplittert. Die Fahrerseite – völlig verbeult. Die aus der Verankerung gerissene Tür, an der ich mir den Arm gebrochen habe, lässt sich ersetzen, und es ist ein Segen, dass die Motorhaube unversehrt geblieben ist. Was aber, wenn sich deine Karosserie verzogen hat? Mir bleibt nichts übrig, als zu warten. Bis morgen, übermorgen, nächste Woche womöglich. Bis das Telefon klingelt und mir jemand sagt, ob sie für dich noch etwas tun können.

Halt die Stoßstange steif,

Dein untröstlicher Alfred

4. Mai 1959

Mein geschundener Schatz,

es ist alles meine Schuld. Wieder und wieder spielt sich das Unglück vor meinem inneren Auge ab. Dabei war ich mir so sicher, dass wir den Opel flugs würden überholen können. Doch dann kam der Trecker aus der Seitenstraße, ich riss das Lenkrad herum, und schon kullerten du und ich über die Obstwiese, als säßen wir im Schleudergang eines Lavamat-Waschautomaten. Gestern hielt ich es nicht mehr aus. Ich zog mir die Infusionsnadel heraus und bat Dieter, mich zu dir zu bringen. Weil ich noch nicht laufen kann, stibitzte er einen Rollstuhl und schob mich heimlich durch die Krankenhausflure zum Ausgang. Leider war die Werkstatt verschlossen, aber durch einen Spalt in der Tür konnten wir dich sehen: eingekeilt im Halbdunkel – zwischen einem Quickly-Moped, das schlechter dran war als du, und einer Borgward Isabella, der man rein gar nichts ansah. Ich hörte den zweifelnden Unterton in Dieters Stimme, als er sagte, dass du schon wieder werden würdest.

Ich konnte spüren, wie einsam du warst.

Dein verzweifelter Alfred

15. Mai 1959

Mein Pummelchen!

Soeben habe ich mit dem wundervollsten Menschen der Welt telefoniert: deinem Mechaniker. Eine quälende Ewigkeit lang hat er mich zappeln lassen, doch nun habe ich Gewissheit: Er sagt, er kriegt dich wieder hin! Du, nur du allein wirst mein erster Gedanke sein, wenn ich morgen aus der Narkose aufwache. Kein Grund zur Sorge, halb so schlimm. Ist nur mein Milzriss, der wieder aufgegangen ist. Aber sobald meine Halswirbel wieder ganz sind, spendiere ich dir einen vollen Tank, eine Wäsche mit Wachs, und dann fahren wir beide ins Grüne, ja? Und weißt du, was das Schönste ist? Das neue Seitenteil, das du eingebaut bekommst, sobald der Lack trocken ist, stammt von einer 52er-Brezel und hat eine Rheumaklappe!

Ich könnte die ganze Welt umarmen.

Dein dich liebender Alfred.

KÄFERS LETZTE RUHESTÄTTE

KAPITEL 3

REISE

Willi und Mizzi auf der Flucht

Der Käfer war ein Geschenk des Himmels. Er wurde quasi frei Haus geliefert, als der ganze Plan zu scheitern drohte. Gerade, als Willi Wimmer im Begriff war, sich aufzuregen, weil dieser Depp von Eduard die Sache mit dem Fluchtwagen hatte platzen lassen („Geh, du weißt eh, dass die Kiberer mich im Visier haben."), da hörte er, wie Blech auf Blech krachte. Er ging zum Fenster von Mizzis Wohnung, die in einem schäbigen Wiener Außenbezirk lag, und schob die Gardine zur Seite. Die unaufgeräumten zwei Zimmer lagen im Mezzanin zwischen Erdgeschoss und erster Etage, so hatte er das Geschehen direkt im Blick.

„Was war das?", fragte seine Freundin verschlafen aus den Federn heraus.

„Nur ein kleiner Bums. Der VW will aus der Parklücke hinaus, der Kadett erwischt ihn hinten am Kotflügel – baff!" Er klatschte laut in die Hände, worauf sich die Mizzi stöhnend auf die andere Seite rollte. Sie liebte ihr g'staubtes Achterl und hatte wieder einmal zu viel davon erwischt.

Wimmer verbrachte die nächsten zwei Stunden am Fenster. Er sah, wie sich eine Menschentraube bildete und die Beteiligten einander fast an die Gurgel gingen, bis das Unfallkommando von der Gendarmerie anrückte und die Streithähne trennte. Er beobachtete Befragung und Aufnahme der Personalien und wie ein junger Gendarm die Umrisse des Käfers mit Kreide aufs Pflaster malte. Er sah den Kadett, an dem lediglich ein Scheinwerfer zersplittert war, davonfahren. Er registrierte, wie der VW-Bulli mit den drei Ordnungshütern verschwand, die Schaulustigen sich verzupften und der Käfer-Fahrer mit gesenktem Kopf davonging.

Alles Weitere klappte wie am Schnürchen: Während Willi das Auto kurzschloss, fuhr Mizzi mit zwei Koffern in der Tram in den

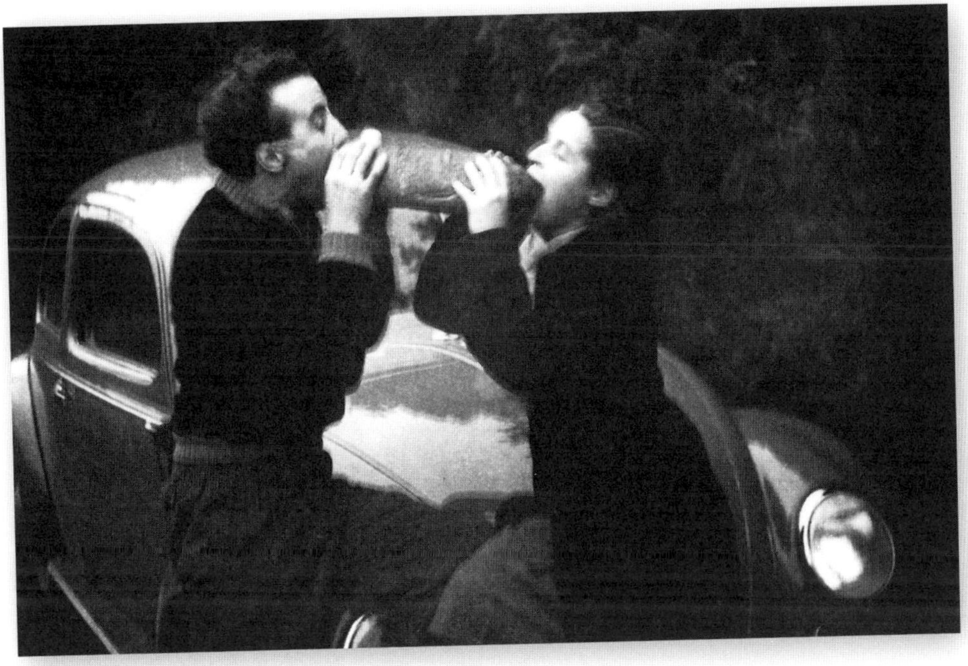

„Während Willi das Auto kurzschloss, fuhr Mizzi mit zwei Koffern in der Tram in den ersten Bezirk."

ersten Bezirk. Sie sollte im Café Bräunerhof warten, bis alles vorbei war. Er fuhr mit dem Käfer in den siebten Bezirk, wo er seinen besten Spezl abholte, und wo sie auch die Bank überfielen. In einem Hauseingang in der Faßziehergasse teilten sie ihre Beute, Josef floh zu Fuß, und Willi knatterte weiter in die Stallburggasse. Mizzi hatte noch nicht einmal ihre erste Melange ausgetrunken, als sie plötzlich den Käfer vorm Bräunerhof stehen sah; ihren Schnudler daneben auf dem Trottoir, wild winkend. Sie warf ein paar Schillinge auf den Tisch, schnappte sich die Koffer und eilte los. Sie fuhren in westlicher Richtung aus der Stadt hinaus und waren noch vor zwei in Linz. Dort gab es für jeden ein buttriges Schnitzel und für Willi ein Ottakringer.

Unterdessen hatte man Leitner Josef festgesetzt. Mit seinem Seesack voller Geld war er zum Naschmarkt unterwegs gewesen, aber schon in der Mariahilfer Straße hatten sie ihn eingeholt. Auf der Polizeiinspektion in der Kopernikusgasse nahmen sie den amtsbekannten Mittdreißiger kräftig in die Mangel, und es dauerte keine Stunde, bis er den Namen seines Komplizen ausspuckte. Noch vor zwei war Willi Wimmer zur Fahndung ausgeschrieben.

Ob sie etwas zu verzollen hätten? „Na". Am Grenzübergang nach Deutschland wurden sie anstandslos durchgewinkt. Auch, als sie das Land im Westen wieder verließen, nahmen die Zollbeamten keine Notiz von ihnen. Willi wäre am liebsten die ganze Nacht durchgefahren, um Abstand zu gewinnen – auch wenn er nicht ahnte, dass die Sache aufgeflogen war. Aber Mizzi mochte nicht mehr sitzen und fing in Strasbourg an zu jammern, sodass sie sich dort ein billiges Zimmer nahmen.

„Langt es bis New York?", fragte sie, die Hände in die Hüften gestemmt, während er wieder und wieder die Scheine zählte, die er stapelweise auf der geblümten Tagesdecke ausgebreitet hatte.

„Nicht ganz", antwortete er zerknirscht. „Aber bis London. Wir rufen den Schorsch an, und der hilft uns weiter." Sein Kumpel Georg Baumgartner lebte seit einer Weile in Soho und drehte die tollsten Dinger. Von seinen Fähigkeiten würden sie gewiss profitieren.

„Ich habe einen Durst", sagte sie, und es war klar, wie die Nacht enden würde.

In der Bar in der Rue de la Montagne-Verte war Mizzi verblüfft, dass es zwar zig Sorten Weißen, aber kaum Roten gab. Als sie herausfand, dass man ihr den Rotwein partout nicht mit Orangensaft spritzen wollte, zog sie eine Schippe. Willi wusste, dass es nicht am G'staubten lag. Sie träumte vom Broadway und einer Wohnung am Central Park, und es versetzte ihr einen herben Schlag, dass die Beute nicht einmal ausreichte, um ihre Überfahrt nach Amerika zu bezahlen. Die Kassiererin hatte behauptet, ihnen alles Geld aus der Lade gegeben zu haben – und dass es in der Frühe halt nicht mehr gebe. Der Josef begann daraufhin, sie zu drängen, aus dem Tresor – oder sonst woher – noch mehr zu holen, doch Willi wollte nicht länger mit geladener Puffn im Schalterraum stehen und brach die Sache ab. Letzte Woche im Suff hatte Josef ihm gesteckt, dass er nicht verstehe, warum er die Theres mit dem Kind habe hocken lassen und stattdessen zur Mizzi gegangen sei. Wimmer grinste, als er sich vorstellte, was sie später mit ihrem Schmollmund alles anstellen würde.

Während sie Fahrkarten besorgte, atmete er auf dem Parkplatz Seeluft und besah sich die Beule am Hinterteil des Autos: kaum der Rede wert. Der alte Asphaltbuckel in seinem unauffälligen Beige leistete ihnen beste Dienste. Er klopfte dem Käfer anerkennend aufs Dach, als Mizzi zurückkam, mit den Karten in der Hand wedelnd, wobei sie lasziv die Hüften schwang. Er dachte: „Die schafft's an den Broadway." Mit diesen Kurven und ihrem Pelzkragen sah sie jetzt schon aus wie ein Hollywoodstar. Auf der Höhe einer der Wellblechhäuschen, an denen Dutzende für Billets nach Dover anstanden, blieb sie abrupt stehen, ging näher ans Fenster heran, legte den Kopf schräg und begann zu laufen. Das Entsetzen in ihrem Gesicht sagte Willi, dass ihr London-Plan nicht aufging.

„Nichts wie weg!", zischte Mizzi und saß schon im Wagen. „Gib Gas, da hängt ein Foto von dir. Interpol!"

Er fuhr hektisch los, hielt jedoch nach ein paar Kilometern am Straßenrand an, um ihr einen Ausweg zu bieten. Sie fing an zu weinen. „Sei doch ned bled, Mizzi, fahr allein."

Doch sie sagte, dass sie ihn nicht verlassen wolle, weil sie ihn liebe. Das hätte er jetzt nicht gedacht.

Kurz darauf stiegen sie auf einen hellgrünen Käfer um. Er gehörte einem dicken Mann, der an einem Kiosk eine Zeitung kaufte und den Motor laufen ließ. Darin steuerten sie mit klopfenden Herzen auf den Grenzübergang zu. Ihr neues Ziel: Koblenz. Sie würden eine Weile bei Mizzis Base untertauchen, bis Gras über die Sache gewachsen war. Das Geld langte gerade noch für eine Tankfüllung. Zu ihrer Verwunderung betrachtete der belgische Zöllner, dem Willi mit zitternden Fingern die Ausweispapiere reichte, diese zwar ausgiebig, ließ sie aber weiterfahren. Völlig erschöpft schliefen sie ein paar Stunden auf einer Waldstraße im Auto, bevor sie den Rest Belgiens hinter sich brachten. An der nächsten Zollstation hatten sie weniger

Die Bergung eines verunfallten Käfers aus einem Fluss, womöglich der Mosel. Oder hat ihn dort jemand absichtlich loswerden wollen? Unvorstellbar.

Glück. Der deutsche Grenzbeamte mit dem Schäferhund musterte Wimmers Pass eingehend und bedeutete ihm, rechts heranzufahren. Da drückte der Gesuchte auf die Tube und holte aus dem Käfer heraus, was möglich war. Er bog auf eine Nebenstraße, fuhr links, rechts, kreuz und quer, bis er sicher sein konnte, möglichen Verfolgern entschlüpft zu sein. So schnell war der deutsche Zoll wohl auch wieder nicht.

Die Puffn lag von nun an auf seinem Schoß, und Mizzi hörte nicht mehr auf zu weinen. Passlos, chancenlos und hilflos überfiel Wimmer einen Weinladen in Koblenz und lud ihr die Rückbank mit Rotem voll. Es war mehr eine Übersprunghandlung als eine Notwendigkeit. Als sie die Wohnung der Base suchten, hatten sie plötzlich die Schmiere im Nacken, das Martinshorn wurde immer lauter. Wimmer hupte den Käfer über rote Ampeln und belebte Kreuzungen hinweg, verließ die Stadt mit quietschenden Reifen und raste auf einer Landstraße entlang, die parallel zur Mosel verlief. Plötzlich wurden sie gerammt, Mizzi schrie auf, Willi versuchte, nach hinten zu schießen, doch bevor die erste Kugel die Heckscheibe durchschlug, verriss er

Der Motor erstarb, sie begannen zu sinken. Hektisch kurbelte Willi die Scheibe herunter und schnappte nach Luft, als ihn ein Schwall eiskalten Wassers überspülte.

das Steuer, sodass sie eine Absperrung durchbrachen und in den Fluss klatschten. Der Motor erstarb, sie begannen zu sinken. Hektisch kurbelte Willi die Scheibe herunter und schnappte nach Luft, als ihn ein Schwall eiskalten Wassers überspülte. Er rief der Mizzi noch zu, sie solle dasselbe auf ihrer Seite tun, doch die hielt sich nur panisch an ihm fest. Er versuchte, sich aus ihrer Umklammerung zu befreien und einen Arm zum Fenster herauszustrecken. Er wollte klettern, hielt dann aber inne und fügte sich schließlich Mizzis Griff. Er umarmte sie fest und küsste sie auf den wunderschönen Mund, bis keine Blasen mehr aufstiegen.

An der Unfallstelle bildete sich eine Traube. Die Menschen starrten auf das Wasser, das große Kreise formte. Und dann, eine nach der anderen, ploppten Flaschen an die Oberfläche.

„Luft kocht nich, Luft gefiert nich."

KOMM EIN BISSCHEN MIT NACH SPAHANIEN

Ich war unsicher, ob der Dachgepäckträger halten würde, aber Friedrich zuppelte noch ein bisschen herum, nickte und warf seine Zigarette auf den Bordstein. Er fuhr die erste Etappe. Vergangene Woche hatten wir auf dem Standesamt von Castrop-Rauxel geheiratet – drei Tage, nachdem die deutsche Fußballnationalmannschaft Weltmeister geworden war. Auf unserer bescheidenen Hochzeitsfeier, die bei meinen Eltern im Garten stattgefunden hatte, bereiteten Friedrichs Eltern uns eine Riesenüberraschung: Sie schenkten uns eine Ferienreise. Er war 19, ich 18, niemals hätten wir uns selbst eine leisten können. Und jetzt ging's los – nach Spanien! Im nagelneuen, cremefarbenen VW Käfer, den Friedrichs Vater Erwin erst vor ein paar Wochen erstanden hatte. Wir waren völlig aus dem Häuschen. Schon hinter Wuppertal sangen wir die Schlager mit, die aus dem Autoradio erklangen: *Es liegt was in der Luft, Ganz Paris träumt von der Liebe* … „Telefunken Autosuper!", rief Erwin stolz und deutete aufs Armaturenbrett. „Deutsche Wertarbeit", ergänzte Helga. Ich drehte den Kopf zur Rückbank. Auch meine Schwiegereltern waren mit dabei – und strahlten übers ganze Gesicht.

„Auf Fritz und Anke, dat frisch vermählte Paar!" Hinter Leverkusen hatten wir die Autobahn verlassen, um einen kurzen Verwandtschaftsbesuch zu machen. Bei Muckefuck, Cremeschnitten und Likörchen lernte ich Friedrichs Onkel und Tante kennen. Man hatte sich unheimlich viel zu erzählen. Helga schwärmte von Sonne und Meer. Sie brannte für Spanien, seit sie als Mädchen Bilder von Flamencotänzerinnen in Rüschenkleidern gesehen hatte. „Dat is pulsierender Rhythmus", sagte sie. „Machen wa da unten ne Tanzkurs, Vati?" Helga hob die Arme zum Olé und Erwin die Augenbrauen. Ich freute mich für Helga, denn es war auch ihr erster Urlaub. Sie

Italien, Spanien, Frankreich: Mit dem Käfer in den Süden zu düsen war ein verheißungsvolles Abenteuer – und der Traum aller Nordeuropäer.

war in ihren Vierzigern, und der Krieg hatte alle ihre Träume, ferne Länder zu bereisen, zunichte gemacht. Aus Kaffee und Kuchen wurde Abendessen. Tante Ursel brachte Platten mit Schinkenstullen und hartgekochten Eiern, Onkel Gerd spielte Mundharmonika, und so wurde aus der Stippvisite ein Trinkgelage. Wir mussten übernachten.

Am Morgen danach übernahm mein Schwiegervater das Steuer. Ich saß mit Helga, die über Reiseübelkeit klagte und sich ein Taschentuch vor den Mund presste, im Fond. Sie war sehr blass. „Erwin, mach doch ma dat Fenster auf, wenn ihr rauchen tut." Wir standen seit einer Stunde in der Warteschlange vor dem Zollhäuschen am Grenzübergang, wo gründlich kontrolliert wurde. Auch ich war verkatert und hatte schlimmes Kopfweh. Die Wärme, die Enge und der Rauch waren nicht gerade zuträglich. Während Erwin seine Zigarette im Kipp-Ascher ausdrückte und das Dreiecksfenster einen Spalt öffnete, erklärte er Friedrich, wie praktisch der neue Winkerhebel direkt an der Lenksäule sei. Beim alten Modell habe man zum Betätigen des Winkers noch die ganze Hand vom Lenkrad nehmen müssen. Jedes Mal ein gefahrvoller Moment, wenn man zum Armaturenbrett griff. „Und guck jetz hier: kleiner Finger genügt." Ich wäre ja lieber nach Italien gefahren.

Doch der Unmut verflog, und schon in den ersten Stunden in Frankreich staunte ich mir die Augen aus dem Kopf. Wir fuhren durch liebliche Wälder, Hügel und Flusslandschaften und phänomenale Städte. Wir fuhren an fremdartigen Burgen, Kirchen und Dörfern vorbei, an Schildern, die ich nicht lesen konnte und am Fuße gigantischer schneebedeckter Berge, die mir den Atem nahmen. Wir grillten Würstchen an einem Bach und aßen französisches Baguette dazu. Wir dösten im Schatten eines Baumes auf einer Wiese und fuhren so lange, bis keiner mehr konnte. Gegen Abend bog Erwin auf einen Campingplatz ein. Während Vater und Sohn das große Zelt unter einer Buche aufbauten, schälten Helga und ich Kartoffeln. Es dauerte eine Weile, bis wir die mit dem Campingkocher weich gekocht hatten, aber dann ließen wir sie uns mit Bratheringen und Essiggurken auf einer Picknickdecke am Waldboden schmecken. Wir winkten unseren Zeltnachbarn, einem französischen Paar, freundlich

Schicke Beene, heiße Reifen: Der heckangetriebene Luftgekühlte tat sich in den Bergen leicht. Während die Wassergekühlten schon mal liegenblieben.

zu, doch die grüßten nicht zurück. Als sie später zu einem Spaziergang aufbrachen, sagte er: „Eil Itler". Wir schämten uns und schwiegen. Dann huschten wir alle ins Waschhaus, krochen paarweise in unsere Zeltkabinen und schliefen wie die Toten.

Als wir am nächsten Morgen weiterfuhren, hatten wir buttrige Croissants und Filterkaffee mit Dosenmilch im Bauch. Auf der Fahrt wurde es von Stunde zu Stunde wärmer. An einer Tankstelle sagte Erwin: „Guck, dass de nich schneller als neunzig fahren tust, Fritz, dann braucht der Käfer nur ehrliche sieben Liter." So tuckerten wir – mal in stumm genossener, mal in laut geäußerter Begeisterung – quer durchs endlose Frankreich. Und aus heiterem Himmel war es da: das große Wasser. Dort, wo das Land plötzlich abbrach, lag es in enormer Weite und in sattestem Blau vor uns. Es war mächtig am Glitzern, und die weißen Punkte in der Ferne mussten Schiffe sein. Wir jubelten und sangen *Pack die Badehose ein.* Nahe Montpellier schlugen wir erneut unser Lager auf – und sprangen alle vor Vergnügen quietschend in die Fluten. Keiner von uns hatte je im Meer gebadet.

Ich hatte noch sein Rauschen in den Ohren, als Friedrich und ich zu später Stunde mit klopfenden Herzen und heißer Haut auf unserer Matratze lagen und kaum die Finger voneinander lassen konnten. Nebenan schnarchte Erwin, hustete Helga, und wir zerflossen vor lauter Frischvermähltsein. Keuchend versprach mir Friedrich elternlose Flitterwochen, und ich stöhnte: „Flittermonate will ich."

Je höher wir kamen, desto lahmer flog unser Käferchen. Fahrer Erwin hatte die Nase nahe am Lenkrad und troff vor Schweiß, während er dem Auto gut zuredete: „Dat schaffst du, bist doch ein Heckmotorwagen". Helga und ich fächelten uns mit Zeitschriften Luft zu. Je weiter wir in die Pyrenäen hineinfuhren, desto mehr Fahrzeuge sahen wir am Straßenrand stehen – mit offenen Kühlerhauben und qualmenden Motoren. Ihre Fahrer blickten besorgt. „Nich, dat wa hier auch noch zum Liegen kommen", sagte meine Schwiegermutter besorgt. Mit schadenfrohem Blick auf die Wassergekühlten rief Erwin: „Geht doch gar nich, Moppelsche – Luft kocht nich, Luft

In der Nachkriegszeit verdiente der deutsche Otto-Normal-Arbeiter um die 300 Mark im Monat; seine Brieftasche war also eher dünn. Doch beim Reisen gab's kein Halten mehr.

gefriert nich!" Dann folgte ein Vortrag über die Vorteile des luftgekühlten 4-Zylinder-Boxermotors. Wie es wohl unseren Freunden in Rimini erging?

Nach über 80 Stunden Reisezeit kamen wir schließlich an: auf unserem Campingplatz nördlich von Barcelona. Nach weiteren 24 Stunden hatten zwei von uns den Sonnenbrand und zwei von uns den Sherry-Rausch ihres Lebens. Alles in allem war es zu heiß, um tags etwas anderes zu tun als auszuspannen und abends ins Örtchen zu bummeln. Wir haben es nicht einmal bis Barcelona geschafft. Die langen Strandtage waren friedlich und faul wie im Garten Eden, die Nächte in den Weinkellern ausgelassen und fröhlich. Nach ein, zwei Gläschen tanzte Helga ausdrucksstark durch die Bodegas – zumeist allein.

„Mir doch egal", sagte sie am Morgen danach trotzig, wenn die Männer sich am Campingtisch über sie lustig machten. „Solange de tanzen tust, Moppelsche, motzt de schon nich", sagte Erwin und tätschelte ihr die Hand.

Als wir wieder abreisen mussten, trug der Käfer ein Kleid aus Piniennadeln. Wir füllten den Raum, der durchs Aufbrauchen unserer Vorräte frei geworden war, mit spanischen Souvenirs: Fächer und Kastagnetten, Tonkaraffen und Aschenbecher. Erwin schenkte Helga ein gerüschtes Flamencokleid, Friedrich mir ein gemustertes Untersetzer-Set. Für den Esstisch, den wir noch kaufen mussten, genau wie alle anderen Möbel.

Wenn ich mich recht entsinne, durfte Friedrich den Käfer nur auf dem allerersten Stück fahren: von Castrop-Rauxel bis zur Verwandtschaft bei Leverkusen. Doch er beklagte sich nicht. 40 Jahre später – Helga und Erwin waren schon lange nicht mehr – sagte er mir, es seien die glücklichsten Ferien seines Lebens gewesen. Wie wir es geschafft haben, in der nicht vorhandenen Privatsphäre dieses Viermannzelts unsere erste Tochter zu zeugen, ist mir bis heute ein Rätsel. Auch, wer uns auf der letzten Etappe heimwärts lenkte. Denn nach erneutem Gelage bei Tante Ursel und Onkel Gerd waren wir alle sternhagelblau.

Arlberg, Brenner, Sankt Bernhard, Großglockner, Sankt Gotthard, Jaufenpass oder Katschberg: *Ain't No Mountain High Enough* für den geborenen Alpinisten aus Wolfsburg.

Sommer, Sonne, Käfer. Bevor es in die europäischen Nachbarländer mit Oliven, Zypressen und Zitronen ging, musste man erst einmal die Pässe vorzeigen und den Schlagbaum passieren.

Jacques Tati fährt nach Cannes

„Mais oui!“,
rief Jacques Tati.
„Ich seh' *la vache qui rit.*“

Die Kuh, die er während der kurzen Rast am Straßenrand sah, lachte zwar nicht, aber das war egal. Es sollte sich reimen, und es sollte Spaß machen. Sie hatten eine lange Reise vor sich, und die galt es sich zu versüßen.

Miguel prustete.

Jacques Tati, der Filmstar, hatte dem Studio mitteilen lassen, dass er – anstatt in Zürich ins Flugzeug zu steigen – lieber mit dem Auto abgeholt und an die Côte d'Azur gebracht werden wollte. Nichts liebte er mehr, als durch die Landschaft zu gleiten und den Gedanken freie Fahrt zu lassen. Dabei kamen ihm, wie nebenbei, die besten Ideen. Es stellte sich heraus, dass es ein kurzweiliges Vergnügen war, mit Miguel am Steuer hinunter nach Cannes zu fahren, wo Jacques bei den Filmfestspielen den *Prix spécial du Jury* entgegennehmen würde.

Tati hatte nicht schlecht gestaunt, als man ihm dieses Fahrzeug – einen deutschen Volkswagen! – und diesen Chauffeur – einen spanischstämmigen Philosophen! – an seinen Drehort in der Schweiz geschickt hatte. Die nächste Überraschung war, dass sich der Käfer auf den engen, steilen Alpenstraßen vorzüglich schlug.

„Mit Jeanette an der Croisette,
da wird der rote Teppisch ganz fleckisch“,
reimte der Fahrer.

„Miguel, ich darf doch sehr bitten“, empörte sich Tati, wieherte dann aber los. Eigentlich sollte er sich ja die Danksagung für die morgige Verleihung überlegen. Stattdessen machte er mit dem Spanier herrlich alberne Späße.

Wir wissen nicht, wer dieser Herr aus dem Familienalbum ist, finden aber: Mit seiner Eleganz und Klasse sieht er aus wie Jacques Tati. Mais oui.

Klappe, Schnitt, schwarzer Smoking, roter Teppich, Blitzlichtgewitter, sein Name fällt, nervöser Gang zur Bühne, Räuspern am Rednerpult.

Jacques Tati bedankte sich mit schlichten Worten für die Ehre, mit diesem Preis beglückt worden zu sein. Als der Applaus abebbte, sah er in die Kamera, schnitt eine Monsieur-Hulot-artige Grimasse und sagte etwas, was kein Mensch im Publikum verstand. Nur einer, zu Hause vorm Fernsehbildschirm. Und der erschrak fürchterlich, als er seinen Namen hörte. Doch dann fing er an zu kichern.

Tati sagte:
„Es war eine Coccinelle,
die bekam ′ne kleine Delle,
von ′ner frechen Libelle
namens Miguelle."

Jacques Tati (1907 bis 1982) war ein französischer Schauspieler, Komiker und Regisseur. Seine Paraderolle Monsieur Hulot machte ihn weltberühmt. Tati war ein Slapstick-Wunder; seine selbsterfundene Schrulle Hulot inszenierte und verkörperte er in unvergleichlicher Manier. Kinofilme wie *Die Ferien des Monsieur Hulot* (1953) oder *Trafic – Tati im Stoßverkehr* (1971) waren Kassenschlager. Für *Mein Onkel* (1958) wurde er vielfach ausgezeichnet, auch mit dem Oscar und dem Spezialpreis der Jury in Cannes.

LOVE, PEACE AND KÄFERNESS

Ich stehe wieder zu Hause in der Garage und noch immer unter Schock. Sie machen sich kein Bild, was mir alles zugestoßen ist. Wenn das *The Age of Aquarius* sein soll, freue ich mich schon aufs nächste Zeitalter. Ich muss ausholen: Man hat mich 1967 im Norden Deutschlands in die Welt gesetzt, wo ich ein Jahr lang von einem konservativen Rentnerehepaar gefahren wurde. Das war ein beschauliches Leben, und von mir aus hätte das ewig so weitergehen können. Doch dann haben sie mich zu ihren Enkelkindern an die amerikanische Westküste verschifft, und seither habe ich keinen ruhigen Tag mehr. Weil diese Leute blechsträubende Dinge mit mir anstellen. Aber der Reihe nach:

„It's ugly, but it gets you there", sagte mein neuer Besitzer Joey, als wir die anderen langhaarigen Schießbudenfiguren in Downtown San Francisco abholten. Hässlich? Glaubte der etwa, Autos hätten keine Gefühle? Und hatte der sich mal im Spiegel betrachtet, mit seinem Fusselbart, den geblümten Schlaghosen und der ärmellosen Weste? Es tat so gut, als Sally, die Beifahrerin, mir übers Armaturenbrett streichelte und sagte: „Never mind, little Herbie, you're lovely." Sobald alle sechs in mir Platz genommen hatten, kramten sie in ihren Batikbeuteln herum und förderten zutage, was sämtliche Drogenplantagen Mexikos in einem guten Erntejahr hervorbrachten. Es wurde geraucht, eingeworfen und getrunken, bis die Stirnbänder verrutschten. Den Gestank von Marihuana, Patchouli und Bier werde ich nie mehr aus den Sitzpolstern kriegen! Und die Golden Gate Bridge war noch nicht in meinem Rückspiegel verschwunden, da wurde schon wild herumgeknutscht …

„Den Gestank von Marihuana,
Patchouli und Bier
werde ich nie mehr aus den
Sitzpolstern kriegen!"

Sie merken schon: Ich tue mich schwer mit dem Eingewöhnen. Hier in Amerika ist alles so viel freizügiger, direkter und lauter als zu Hause in Bremen. Bei uns übt man sich in freundlicher Zurückhaltung, hier duzen sie sogar ihren Präsidenten! Je weiter wir aber ins Landesinnere nach Osten kamen, desto besser verstand ich, was meine neuen Besitzer mit *middle of nowhere* meinten.

Ich laufe und laufe und laufe. Ich bin für die Langstrecke wie gemacht, und ich kann problemlos Stunden vor mich hin düsen.

Doch diese Blumenkinder mit ihrem Gerede von freier Liebe und dem besten Trip gingen mir gehörig auf den Luftkühler. Gut, die Hälfte des Tages hingen sie bedröhnt in meinen Sitzen herum, aber trotzdem war ich jedes Mal froh, wenn Joey mich abends vor dem Motel abstellte. Morgens, bei der Abfahrt, sangen sie sofort wieder von langen Haaren und dass sie gegen den Krieg seien, für Drogen hingegen schon, und dann kreiste spätestens nach der Mittagspause wieder ein Joint. Es war eine kabelaufreibende Fahrt, bis wir am Freitagmorgen in Woodstock ankamen.

Joey parkte mich auf einer hügeligen Wiese nicht allzu weit vom Geschehen. Meine sechs illustren Fahrgäste rafften ihren Kram zusammen und zogen von dannen. Da gingen auch schon die Konzerte los, und jetzt kam ich überhaupt nicht mehr zur Ruhe. Für Joey erwies sich mein Stellplatz als strategischer Glücksfall. Er hatte nämlich die glänzende Idee, sich meiner ausschweifend als Liebesnest zu bedienen.

„Uuh, yeah, baby, show me your love bug!", quietschte die kleine Rastafari-Frau, mit der Joey nachmittags ankam. Ich hülle mich in Schweigen über die Dinge, die sie in mir taten. Nur so viel: Der Geschmack meines Fahrzeughalters schien variabel und sein Appetit groß zu sein, denn tags darauf hatte er die Dame gegen eine Blondine eingetauscht. Nachts, wenn er seinen Rausch im Fond ausschlief, schnarchte Joey fürchterlich. Manchmal sagte er nach dem Aufwachen Sachen zu mir wie: „There's so much love out there, beetle babe". „Schön für dich", dachte ich sauertöpfisch. Es empörte mich, dass er mich schamlos als Stundenhotel nutzte – und dass er mich so ungeschützt in der Sonne stehen ließ. Das grelle Licht setzte meine Dellen und Kratzer unvorteilhaft in Szene.

Ich begann, den Regen zu vermissen, der mir in meiner Heimat so beruhigend aufs Dach geprasselt war. Ich bin kein Fan von diesem ganzen *Let the Sunshine In.* Als Typ 1300A habe ich einen Scheibenwischer in zwei Geschwindigkeitsstufen, doch was nützt mir der im sonnigen Kalifornien? Und dann geschah ein Wunder:

Gerade, als mein Heimweh nach dem norddeutschen Schmuddelwetter übermächtig wurde, öffnete der Himmel seine Schleusen. Das Unwetter brach los wie der Zorn Gottes. Joey und eine Brünette mit Cowboyhut kamen durch den Gewitterregen angerannt, und mit ihnen schwappte eine Schlammlawine in mich hinein. Dann wurden meine Handschlaufen bei einem erneuten Liebesspiel zweckentfremdet. Wenn das nicht der Gipfel der Geschmacklosigkeit ist.

Überhaupt: *„Love"*. Sind denn nur noch wir Autos zu echten Gefühlen in der Lage? Ich dachte, *With a Little Help from My Friends* würde ich das Festival besser überstehen. Deshalb begann ich, mit einem Käfer-Mädchen, das wenige Meter entfernt stand, Kontakt zu knüpfen. Sie war ein adrettes Exportmodell von 1959 mit automatischer Winkerrückstellung. Ich hupte sie ein paar Mal an, doch die süße Kurvige, die über und über mit floralen Motiven bemalt war, schien in sich gekehrt. Da bemerkte ich, dass ihr jemand quer über die Gänseblümchen auf der Motorhaube gekotzt hatte und ließ sie in Frieden.

Später aber musste sie gespürt haben, wie fremd ich mich hier fühlte, denn auf einmal kam das Gänseblümchenmädchen herangerollt und berührte mit ihrem Winker meinen rechten Außenspiegel. Sie flüsterte mir zärtlich ins Beifahrerfenster: „Bald sind wir hier weg, Schätzchen." Es begann mit einem Summen der Hinterreifen und schwoll zu einem starken Vibrieren der ganzen Karosserie an. Und da hoben wir auch schon ab und flogen über die Hügellandschaft nördlich von New York und sahen den ganzen Wahnsinn aus der Vogelperspektive: Hunderttausende Menschen, die ihre Arme gen Himmel reckten und *My Generation* zu uns heraufsangen. Ich sah meinem Flowerpower-Käferchen tief in die Scheinwerfer, und dann kuschelten wir, bis ein Sturm aufkam, und uns Blitz und Donner ins Universum hinauskatapultierten. Es erklang wundervolle Musik – Mozart, Beethoven? – und die Sternschnuppen flogen uns nur so um die Windschutzscheiben. Plötzlich ging ihre Motorhaube auf und Fantastillionen winziger Käfer-Babys schlüpften heraus …

Ich musste wohl kurz eingenickt sein. Es war ein verrückter, aber auch schöner Traum, den ich gern weitergeträumt hätte, aber irgendetwas hatte mich geweckt. Zwei kichernde Mädchen standen vor mir. Eines trug ein gelbes Kleid sowie einen schwarzwälder Bollenhut auf dem Kopf und sagte: „Ja, glaubscht des? Scho wieder so a Audo aus meiner Heimad!" Ich dachte noch: „Hier gibt es also doch nette Fräuleins", aber da schmierten sie schon mit ihren Filzstiften herum. Seither prangt ein riesiges Peace-Zeichen auf mir. Glauben Sie mir: Ich habe den Kofferraum gestrichen voll von Friede, Freude, Eierkuchen.

Es ist bereits tief in der Nacht, doch in meiner Garage geht nochmal das Licht an. Joey kommt herein und klopft mir auf den Buckel. „A great car you are." Ob ich noch Lust auf eine Spritztour hätte? Und ob! Ich rase zum Russian Hill und nehme die Kurven der Lombard Street mit sportlichen 55 Sachen. *Don't call me Made in Germany for nothing.*

DEN KARREN AUS DEM DRECK ZIEHEN

MIT DEM KÜGELI DURCH BALI

Mitte Februar musste Carol mal runter vom Berg, mochte er noch so heilig sein. Obwohl sie am Gunung Agung ein wenig heimisch geworden war, sehnte sie sich danach, die Insel zu erkunden. Es gelang ihr, Ian zu überreden, für ein paar Tage nach Ubud zu fahren. „Wir hocken hier noch Jahre herum und nichts passiert", sagte sie. Natürlich wusste sie, dass es ihm schwerfallen würde, seinen schlummernden Feuerspeier zu verlassen. Ian Campbell war ein bekannter englischer Vulkanologe. Wegen seiner Liebe zu Kegelvulkanen waren er und Carol in den vergangenen Jahren quer durch Indonesien gereist. Auf Bali waren sie nun über ein Jahr, seit Weihnachten 1961. Aber wider Ians Erwarten machte der Mount Agung keine Anstalten, sich zu regen. „Du hast recht", räumte er ein. „Gott Shiva scheint Tiefschlaf zu halten."

Das Ehepaar aus Worcester hatte ein Haus unterhalb von Pura Besakih, dem Tempel aller balinesischen Tempel, gemietet. Es lag auf rund 800 Metern am Südwesthang des heiligen Bergs. Dort hatten sie sich mit ihren schweizerischen Nachbarn angefreundet. Beat Widmer war Geologe und dem hiesigen Eruptivgestein verfallen, und seine Frau Regula, eine Aquarellkünstlerin, liebte das balinesische Licht. Sie wollten für immer hierbleiben. Zusammen mit dem Hausstand hatten sie sich deshalb auch ihren roten Käfer aus Luzern kommen lassen.

Die Widmers waren reizende Leute. Für den Ausflug liehen sie den Campbells ihren mit Dachbox und Sonnenschute aufgemöbelten Volkswagen. „Mit dem Kügeli macht alles mehr Spaß", sagte Regula. Carol wollte nicht ohne ihre Dina vereisen. Sie war eine zahme Schildkrötendame unbekannten Alters, die Carol auf Flores verletzt aufgefunden und gesund gepflegt hatte. Carol packte die Testudinata in deren Holzkiste auf die Rückbank, und los ging's.

„Für den Ausflug liehen sie den Campbells ihren mit Dachbox und Sonnenschute aufgemöbelten Volkswagen."

Der Käfer, die Schildkröte und die bleichen Reisenden wurden zur Attraktion, wo immer sie auftauchten.

Als die Campbells davonfuhren, sahen sie Regula durch das ovale Heckfenster lange winken.

Es war herrlich, mit dem „Kügeli" durch die sattgrüne Hügellandschaft mit den Palmen und den endlosen Reisterrassen zu düsen. Sie hatten alle Fenster heruntergekurbelt und hielten oft an: um den Arbeitern bei der Ernte zuzuschauen, einen Tempel zu besichtigen oder Früchte für sich und Dina zu kaufen. Sie waren ein auffälliges Gespann: Der Käfer, die Schildkröte und die bleichen Reisenden wurden zur Attraktion, wo immer sie auftauchten. In Ubud zählten sie Affenbabys im Monkey Forest, bewunderten anmutige Tänzerinnen und lachten über zottelige Drachen. Bei einem Kunsthandwerker kaufte Carol für Regula eine Staffelei aus Akazienholz. Es waren glückliche Tage, und sie waren entzückt von den liebenswürdigen Insulanern. Am Abend des 17. Februar 1963 saßen sie unterm Sternenhimmel, aßen Gado-gado und Saté-Spieße mit Erdnusssoße. Da hielt Ian mitten im Kauen inne und rubbelte sich beide Ohren. „Nein!", rief Carol. Auf Java hatte sie es noch für einen Witz gehalten, auf Sumatra für einen Zufall, aber auf Sulavesi wurde es zur Gewissheit: Wenn Ians Ohren juckten, brachen Vulkane aus. „Shiva ist aufgewacht", sagte er trocken, und ihr war klar, dass sie umkehren mussten. Die Explosionen am Krater sahen sie schon von weitem. Eine dicke Rauchsäule waberte zum Himmel. Als sie heimkamen, waren die Widmers nicht da. Man fand sie Tage später kurz unterm Gipfel. Sie mussten in den frühen Morgenstunden des 18. aufgestiegen sein: Beat zum Forschen, Regula zum Malen. In den kommenden Wochen begruben Erdbeben und die Lavaströme des wütenden Bergs viele Hundert Menschen unter sich. Die Campbells beschlossen zu bleiben. Sie halfen Nahrungsmitteltransporte zu koordinieren und fuhren Medikamente aus. Wo immer das rote Kügeli fortan auftauchte, verhieß es ein wenig Hoffnung.

AROUND THE WORLD

Ein Käfer mit einem „kangaroo" obendrauf: Das sind ja schon die halben Bremer Stadtmusikanten – in exotisch. Wunderbar, wie man ihn zum Lastenesel umfunktionieren kann.

VAROTH
UISTRAAT 94
43014

AUTOBUS
STOP
Café Bar

3928
RE 67

Im kalten Fasching mussten sich die Kinder etwas einfallen lassen – die Zeit bis zu den Sommerferien in Rimini war lang. Das Auto ging als grün schillernder Maikäfer – sehr originell.

AFRIKA

Irmgard saß in dem lichtdurchfluteten Atelier in München-Schwabing und betrachtete eines seiner früheren Bilder. Es war das Porträt seiner Mutter: einer schwarz gekleideten Frau mit traurigem Blick, die sich selbst an den Händen hielt und verloren wirkte. Irmgard sah an sich hinunter. Auch sie saß in einem schwarzen Kleid auf einem Stuhl und suchte Halt bei sich selbst. Obwohl sie noch jung war, verspürte sie eine Schwere in ihren Knochen, als wäre sie eine uralte Frau. Sie kam sich vor wie versteinert, seit ihr Mann vor ein paar Monaten plötzlich gestorben war. Nicht einmal weinen konnte sie. Ernst war ein wunderbarer Ehemann und ein erfolgreicher Maler gewesen. Als seine Arbeiten immer geometrischer, abstrakter geworden waren, hatte man ihn als Vertreter der „Neuen Sachlichkeit" gefeiert.

Sie zuckte zusammen, als es an der Ateliertür klopfte. Ihre Freundin Angelika streckte vorsichtig den Kopf herein und lächelte ihr zu. „Es ist soweit. Das Abenteuer kann beginnen. Bist du bereit?"

Irmgard schüttelte den Kopf. „Nein, das bin ich nicht. Aber ich komme."

Angeli schritt durch den hohen Raum auf sie zu und half ihr aus dem Stuhl heraus. Die Kunstrestauratorin, der das Atelier gehörte, hatte Irmgard in der dunkelsten Zeit ihres Lebens beigestanden. Sie hatte ihr bei der Beerdigung geholfen und versucht, sie aufzufangen. Sie hatte Irmgard auch gut zugeredet, als diese noch zögerte, ihre Arbeit als Medizinisch-technische Assistentin zu kündigen und ins Ungewisse aufzubrechen. Sie hatte ihr für die bevorstehende Reise sogar ihren Wagen geschenkt.

„Wir lassen den Käfer nach Bahir Dar schicken", sagte Angeli. Dann brachen sie zum Flughafen auf. Es war ein trüber Tag im März 1963. Als die Maschine durch die Wolkendecke stieß, blickte Irmgard in den strahlend blauen Himmel hinein und atmete laut seufzend aus.

„Wir lassen den Käfer nach Bahir Dar schicken."

Schon als Mädchen hatte sie von Afrika geträumt, und diese Träume waren bevölkert von Löwen und Giraffen, Elefanten und Springböcken, Affen und Schlangen.

„Welcome to Ethiopia." Mekonnen wartete gleich hinter der Passkontrolle auf sie. Er war ein hochgewachsener, stattlicher Afrikaner mit einem großen Strahlen im Gesicht, und sie sah gleich, dass er eine gute Seele hatte. 24 war er – halb so alt wie Irmgard – und frisch verheiratet. Jemand vom Amt für Deutsche Entwicklungshilfe hatte ihn ihr zugeteilt. Er sollte ihr Begleiter und Übersetzer bei ihren künftigen Aufgaben sein. Und so kam es: Drei Jahre lang würde Mekonnen nicht von ihrer Seite weichen. Aus dem Assistenten würde ein guter, treuer Freund werden.

Schon als Mädchen hatte sie von Afrika geträumt, und diese Träume waren bevölkert von Löwen und Giraffen, Elefanten und Springböcken, Affen und Schlangen. Auf dem Rücken eines Zebras war sie durch die Steppe galoppiert und hatte abends mit Eingeborenen ums Lagerfeuer getanzt – wie in einem Film. Doch die Ankunft in Addis Abeba war alles andere als eine romantische Kinderfantasie. Wie wenig sich ihre Vorstellungen doch mit der Realität deckten! Mekonnen, der ihre schweren Koffer trug, ging voraus – durch die

endlosen Gassen einer ärmlichen Wellblechstadt, die von fremden Gerüchen durchzogen war. Das unterschiedliche Gespann zog alle Blicke auf sich und bald eine Traube zerlumpter Kinder hinter sich her. Lachend und kreischend versuchten sie, die Haut der hellen Frau zu berühren. Irmgard war von den kleinen Händen auf ihrem Körper überfordert und wehrte sie brüsk ab. Das ungewohnte Höhenklima machte ihr zu schaffen, und ihre schicken Schwabinger Schuhe wirkten deplatziert. Sie hätte sich gerne in Luft aufgelöst. Drei Jahre Afrika. Was war das hier? Ein Neuanfang? Eine Flucht? Oder purer Wahnsinn?

Ein paar Tage lang blieb sie im Haus von Mekonnens Großfamilie. Es war nicht so sehr ein Haus als eher eine einsturzgefährdete Hundehütte, in der alle in einem Raum auf dem Boden schliefen: Großeltern, Eltern, das junge Paar und vier oder fünf seiner Geschwister. Sie gaben dem Gast aus Europa alles, was sie hatten, und das war nicht viel. Am zweiten Abend sprach sie es zum ersten Mal aus: „Ich bin Witwe. Ich habe meinen Mann verloren." Alle bildeten einen Kreis um sie herum und verfielen in eigentümliche Sprechgesänge. Da, endlich, liefen die Tränen. Mekonnens Frau Alemee hielt Irmgard in den Armen und wiegte sie, wie man ein Baby wiegt.

Dann kam der Tag, an dem sie nach Bahir Dar fuhren. Mekonnen und Irmgard nahmen den Bus, der im Schneckentempo über die Schotterpisten bis hin zur Hafenanlage rumpelte. Am Ufer des großen Sees hielten sie Ausschau nach jenem Volkswagen, Baujahr 1950, den Angeli einst von einer Tante geschenkt bekommen hatte. Irmgard fragte sich, ob das Auto überhaupt angekommen sein mochte. Doch da stand er plötzlich: der kleine schlammfarbige Krabbler, hinter ein paar Containern. Er war umringt von einer Gruppe Männer, die fröhlich um ihn herumsprangen. Den jungen Erwachsenen bereitete es sichtliches Vergnügen, sich in den Radkappen des Käfers zu spiegeln. Sie hatten herausgefunden, dass sie ihre Gestalt spindeldünn oder fett wie eine Tonne machen konnten, wenn sie sich vor, zurück und seitwärts bewegten. Mekonnen rief ihnen etwas zu, und sie liefen davon. Er sah Irmgard fragend an, als sie ihm den Schlüssel hinhielt.
„Ich habe keinen Führerschein", sagte sie.
Er lachte. „Ich auch nicht. Aber ich kann fahren, und ich werde es dir beibringen."

Und so geschah es. Sie lernte das Autofahren in den Straßen von Addis und in den Hügeln, an die sich die Stadt schmiegte; bis auf 3.000 Meter fuhren sie hoch. In den Tälern bugsierte sie den Käfer zwischen turmhoch beladenen Eseln, Ochsenkarren und Kamelen hindurch und manövrierte ihn durch Trauben von neugierigen Menschen. Im Hospital lernte sie, Verbände zu wechseln, Nabelschnüre zu durchtrennen und Augenlider von Verstorbenen zu schließen. Lernte, die tagelangen Totengesänge zu ertragen, Ziegenfleisch zu essen und auf der Pritsche im Zimmer ihres Schwesternheims allein zu schlafen. Sie lernte Amharisch, aus wenig Pulver viel Brei zu kochen,

Knochenbrüche zu schienen und eitrige Wunden zu öffnen. Keine Angst vor Stechmücken, Küchenschaben oder Skorpionen zu haben. Sie lernte, dass sie zwar klein und schmal, aber zäh war. Sie lernte die Grenzen der Planbarkeit kennen und ihre innere Stärke. Lernte, wie beflügelnd es war, in Momenten der Hoffnungslosigkeit Trost zu spenden. Sie lernte, dass sich selbst die winzigsten Dinge noch einmal teilen ließen. Und zu lachen, wenn alles, aber auch wirklich alles, schief lief. Sie lernte, wie wenig man zum Leben brauchte und dass man in den Himmel wuchs, wenn man nie aufgab. Und ihr Herz verstand, dass man nirgends fremd und niemals verloren war, solange man einen Freund hatte.

Es kam der Herbst 1966. Als sie mit dem Käfer in die Wellblechstadt hineintuckerte, um ihre afrikanische Familie ein letztes Mal zu besuchen, konnte Irmgard kaum glauben, wie schnell die Zeit verflogen war. Wie immer kamen die Kinder angerannt; sie und ihr Käfer waren bekannt wie bunte Hunde und wurden von allen geliebt. Das hatte auch damit zu tun, dass sie gelegentlich mal Bonbons verteilte. Irmgard hielt an, um mit den Kindern zu scherzen, legte ein paar Süßigkeiten in ihre kleinen Hände und dachte: „Wie sehr ich das alles vermissen werde. Wie sehr mir diese vergnügten Menschen fehlen werden. Äthiopien hat mich auf den Kopf gestellt, und jetzt habe ich Angst, in die deutsche Hektik zurückzukehren." Nach dem Essen sagte sie allen Dankeschön und Lebewohl. Sie verteilte die Geschenke, die Angeli ihr aus München geschickt hatte, und es flossen viele Tränen. Zu Mekonnen sagte Irmgard: „Komm, wir machen einen Ausflug."

Sie fuhren an Tukuls und Schafherden vorbei, in die Hügel hinein und hielten auf dem Plateau, auf dem sie schon so häufig gestanden hatten. Als sie im Abendlicht auf die Stadt hinabblickten, fragte Irmgard: „Bringst du mich morgen mit dem Käfer zum Flughafen?" Mekonnen drückte ihre Hand anstatt zu antworten. Sie machte eine Kopfbewegung hinüber zum Auto. „Danach gehört er dir." Er sah sie erstaunt an und schüttelte heftig den Kopf, als er begriff, was sie

meinte. „Doch. Ich möchte, dass du ihn behältst." Die Schultern des großen Mannes zuckten heftig. Sie hakte sich bei ihm unter, und so standen sie schweigend dort, bis die Sonne untergegangen war.

Viele Briefe gingen zwischen den Kontinenten hin und her, und die Freunde hielten einander auf dem Laufenden. Irmgard, die jetzt mit ihrem ganzen Hab und Gut in Angelis Atelier gezogen war, plante schon, noch einmal für eine Weile nach Addis zurückzugehen, aber dann riss der Kontakt ab. Es kam einfach keine Post mehr aus der fernen, chaotischen Stadt, in der sie ein anderer Mensch geworden war. Irgendwann gingen die Bilder der Dürrekatastrophe um die Welt. Zu Angeli sagte Irmgard eines Tages: „Ich befürchte das Schlimmste." Sie erfuhren, dass das Militär die Macht übernommen hatte und ein furchtbarer Bürgerkrieg in Äthiopien tobte. Man konnte und durfte nicht mehr ins Land einreisen. Für den Evangelischen Entwicklungsdienst kehrte Irmgard noch oft auf den afrikanischen Kontinent zurück. Sie half, menschliches Leid in Tansania zu lindern. Außerdem begab sie sich auf Safari und tauchte tief in das Land ihrer

Kindheitsträume ein. Von A wie Affen bis Z wie Zebras beobachtete sie alle Tiere, die sie sich immer vorgestellt hatte.

Die politische Lage und die Hungersnöte in Mekonnens Heimat verschlimmerten sich unterdessen noch. Über 30 Jahre lang wusste Irmgard nicht, ob ihr Freund lebte oder gestorben war. Als die Diktatur zusammenbrach, organisierte sie von München aus Sachspenden für und Hilfsgütertransporte nach Äthiopien. Eines Tages – es war an einem verschneiten Dezembertag Ende der 1990er – traf ein Brief von Mekonnen in Schwabing ein. Irmgard öffnete den Umschlag mit Herzklopfen und war außer sich vor Freude, als sie las, dass es ihnen gut ging. Er hatte Fotos von sich und seiner Familie beigelegt. Am Heiligen Abend saß sie mit Angeli unterm Weihnachtsbaum im Atelier, wo sie eine gute Flasche aufmachten und auf das Leben tranken.

Es dauerte noch ein wenig, bis Irmgards Wunsch in Erfüllung ging und sie erneut in ein Flugzeug nach Addis stieg – diesmal von Freunden begleitet. Den Jahreswechsel von 2000 auf 2001 verbrachten sie im Haus von Mekonnens Familie. Die Großeltern und Eltern waren vor langer Zeit gestorben, dafür hatten Mekonnen und Alemee eine Schar Kinder in die Welt gesetzt. Und nun war es wirklich ein Haus, ein prächtiges sogar. In dieser Silvesternacht erzählten sie einander, was in den vergangenen drei Dekaden geschehen war. Und das war eine ganze Menge.

Als Irmgard 1969 abgereist war, hatte Mekonnen aus dem Käfer kurzerhand ein Taxi gemacht. Die meiste Zeit fuhr er mit ihm zwischen Addis und Bahir hin und her. Mit dem bescheidenen Wohlstand, den er daraus erwirtschaftete, kaufte er sich einen zweiten Wagen und schließlich noch einen, bis er einer der angesehensten Taxiunternehmer der Gegend war. Er war tüchtig und brachte seine Familie geschickt durch die harten Bürgerkriegsjahre. Irgendwann war er stolzer Besitzer einer kleinen Autowerkstatt, dann einer Tankstelle, später eines Reifenhandels. Als Mekonnen ein gemachter Mann war, zog er mit seiner Familie in die Hügel oberhalb von Addis. Das

معدن حقيقي

Haus stand nicht weit entfernt von dem Plateau, auf dem er und Irmgard Abschied voneinander genommen hatten. Als sie sich um Mitternacht ein glückliches neues Jahr wünschten, sagte Mekonnen: „Alles ist so gekommen, weil du mir damals den Käfer geschenkt hast." Er bat sie, ihm nach draußen zu folgen, wo er ein Garagentor öffnete. Da stand er plötzlich: der kleine schlammfarbige Krabbler, glänzend poliert.

Als Irmgard 90 Jahre alt wurde, reiste das afrikanische Paar mit einigen seiner Kinder nach Deutschland. Sie und Angeli schmissen eine große Party für ihre Gäste in München. Es war das letzte Mal, dass Irmgard und Mekonnen sich sahen.

Über 30 Jahre lang wusste Irmgard nicht, ob ihr Freund lebte oder gestorben war. Das Bild zeigt das Wiedersehen von Irmgard Klinger und Mekonnen im Jahr 2001.

HUMMERWOCHE

DIE AUTO-BIOGRAFIE VON KATJA VOLKMER

Die Geschichten in diesem Buch hat **Katja Volkmer** geschrieben. Die gebürtige Norddeutsche lebt in München, wo sie als freie Redakteurin und Autorin arbeitet. Sie ist für Verlage, Unternehmen und Stiftungen tätig, schreibt Artikel und Drehbücher fürs Netz, unterstützt Print- und PR-Projekte. Von ihr wurden Kurzgeschichten und der Portraitband 40forty-something veröffentlicht. Derzeit arbeitet sie an einem Roman.

Katja ist leidenschaftliche Radfahrerin und hat von Personenkraftwagen keinen Schimmer. Bisher hat sie drei Autos besessen: zwei Fiat, einen davon mit Faltdach, und einen schrottreifen Opel Kadett, dessen Farbe man mit Schreiendlindgrün beschreiben könnte. Als man sie fragte, ob sie nicht Lust hätte, ein Buch über den VW Käfer und das Lebensgefühl in der Nachkriegszeit zu schreiben, sagte sie spontan zu. Erstens fand sie die alte Knubbelkiste schon immer klasse und zweitens hatte sie da noch was gut zu machen. Dieses Angebot vom Verlag gab ihr die Gelegenheit, Abbitte zu leisten. Wofür? Das hat etwas mit einem Käferfahrer zu tun.

Es ist ewig her, und die Beziehung war ein einziges Drama, doch darauf soll hier nicht eingegangen werden. Was aber schön war: Der Mann, ein Gastronom, hatte ein fabelhaftes schwarzes Käfer-Cabrio, mit dem er Katja durch die Gegend fahren ließ. Sie kann sich nicht an technische Details erinnern, aber die Tatsache, dass einem in so einem Auto jeder zuwinkt, blieb ihr positiv im Sinn. Ansonsten keine besonderen Vorkommnisse. Höchstens ein Mal. Da fuhr sie auf einer steilen Schweizer Passstraße die Bremsen herunter, bis Lebensgefahr drohte. Vielleicht noch ein anderes Mal. Da kristallisierte sie fast auf der Autobahn, weil die Heizung nicht immer funktionierte.

Dann kam der Tag, an dem im Lokal des Mannes die „Hummerwoche" begann. Es oblag Katja, die dort immer mal mitarbeitete, die Tiere, die aus Kanada kamen, bei einer Spedition abzuholen. *Hektischer Tag, rein in den Käfer, zur Frachtfirma gerüsselt, Papierkram erledigt, zwei große Kartons auf den Beifahrersitz geladen, schnell zurück ins Restaurant. Alle Tische ausgebucht.*

Zunächst dachte sie, das Kratzen käme aus dem Motor des Käfers und war schon um dessen Wohl besorgt. Doch dann wurde ihr klar, dass der Beifahrersitz Geräusche machte. Naiv war sie davon ausgegangen, dass die Tiere nicht mehr am Leben seien. Lagen Schalentiere nicht meist auf Eis, und waren sie dann nicht immer tot? Sie glotzte auf die Kartons. Da, wieder dieses Schrapeln! Sie entdeckte Luftlöcher, sah, wie die Pappkiste, die zuoberst lag, sich bewegte …, und da knallte es auch schon. *Aussteigen, beschimpft werden, auf die Polizei warten, sich belehren lassen, Papierkram erledigen, Abflug. Der Koch wartet schon.*

Sie sagte dem Käferbesitzer zunächst kein Wort von dem Blechschaden. Vergessen? Verdrängt womöglich. Das war aber auch der Hektik geschuldet! Vor dem Lokal angekommen, parkte sie den Wagen noch schuldbewusst, aber drinnen war einfach keine Zeit mehr für Erklärungen. Und dann war da noch die Sache mit dem Koch. Der durchtrennte sachte das Klebeband, mit dem die Scheren der Hummer zusammengebunden waren – damit sie sich auf dem Überseetransport nicht gegenseitig umbrächten –, dann ließ er die zwölf, 14 Tiere panisch über den Küchenboden flitzen. Begleitet vom Kreischen des Küchenpersonals schmiss er die braunen Tiere bei lebendigem Leib in den riesigen Kochtopf mit brodelndem Wasser, wo sie schlagartig knallrot wurden …

Dann kam die Zeit, in der Katja keine Meeresfrüchte mehr aß und von der gastronomischen auf die journalistische Laufbahn umsattelte. Denn wenn sie nicht alles aufschreibt, vergisst sie es. Der Wirt verhielt sich wie ein Gentleman. Er entdeckte die verbeulte Schnauze seines Autos Tage später, fragte kurz nach – *Schock, Stammeln, Scham* – und ließ den Schaden reparieren, ohne das Thema jemals wieder zu erwähnen. Fortan war Katja peinlich berührt, wenn sie mal einen Käfer sah. Doch damit ist jetzt Schluss! Es gibt Dinge, die sind zu schön, um sie mit schlechtem Gewissen zu belasten.

Beim Schreiben dieses Buchs ist Katja der Kugelige so ans Herz gewachsen, dass sie jetzt selbst gern einen hätte. Ein Cabrio wäre fabelhaft.

Pe
B N 75

sil
232

DANKSAGUNG

Wir danken Angelika Bloch und Helmar Willi Weitzel herzlich für die netten Gespräche und die Informationen über ihre verstorbene Freundin Irmgard. Diese inspirierten zur Kurzgeschichte *Afrika,* frei nach der Auto-Biografie der Entwicklungshelferin Irmgard Klinger. Besten Dank an Prof. Dieter Lüst und Dr. Robert Helling von der Ludwig-Maximilians-Universität München, die das Fotoshooting mit dem 1974er Käfer Cabrio in der Farbe „Cappuccino" ermöglicht haben; ebenfalls an den Fotografen Peter Stiff. Ein dickes Dankeschön an Risa und Peti – für die liebevolle Unterstützung während des gesamten Käfer-Projekts.

- 3615

IMPRESSUM

Text: Katja Volkmer
Bildarchiv: Joerg Lehmann
Redaktion & Lektorat: Roman Schmid
Creative Director: Martin Graf
Design & Layout: Robin John Berwing
Bildbearbeitung & Proofs: Jens Grundei
Herstellung: Sandra Jansen-Dorn

Liedtext: Seite 70/71
Text: Willi Kollo/Hans Pflanzer
© 1930 by Willi Kollo Verlag –
Bühne-Film-Funk der Edition Meisel GmbH

Deutsche Ausgabe:
ISBN 978-3-96171-080-5

Gedruckt in Tschechien

Bibliografische Information der Deutschen Nationalbibliothek
Die Deutsche Nationalbibliothek verzeichnet diese Publikation in der Deutschen Nationalbibliografie; detaillierte bibliografische Daten sind im Internet über http://dnb.dnb.de abrufbar.

teNeues Publishing Group
Kempen
Berlin
London
Munich
New York
Paris

teNeues

Published by teNeues Publishing Group

teNeues Media GmbH & Co. KG
Am Selder 37, 47906 Kempen, Germany
Phone: +49-(0)2152-916-0
Fax: +49-(0)2152-916-111
e-mail: books@teneues.com

Press department: Andrea Rehn
Phone: +49-(0)2152-916-202
e-mail: arehn@teneues.com

Munich Office
Pilotystraße 4, 80538 Munich, Germany
Phone: +49-(0)89-443-8889-62
e-mail: bkellner@teneues.com

Berlin Office
Kohlfurter Straße 41–43, 10999 Berlin, Germany
Phone: +49-(0)30-4195-3526-23
e-mail: ajasper@teneues.com

teNeues Publishing Company
350 7th Avenue, Suite 301, New York, NY 10001, USA
Phone: +1-212-627-9090
Fax: +1-212-627-9511

teNeues Publishing UK Ltd.
12 Ferndene Road, London SE24 0AQ, UK
Phone: +44-(0)20-3542-8997

teNeues France S.A.R.L.
39, rue des Billets, 18250 Henrichemont, France
Phone: +33-(0)2-4826-9348
Fax: +33-(0)1-7072-3482

www.teneues.com

FSC
www.fsc.org
MIX
Papier aus verantwortungsvollen Quellen
FSC® C005833